阅读成就思想……

Read to Achieve

真相永远只有一个

[日]上野豪 著
（Tsuyoshi Ueno）

丁宇宁 译

跟柯南学逻辑推理

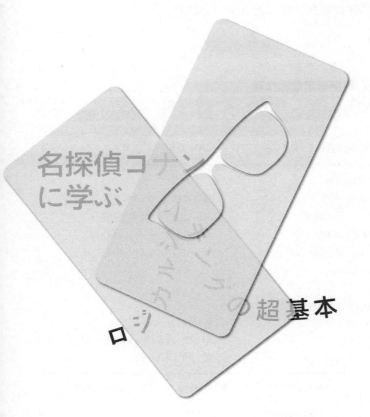

名探偵コナン
に学ぶ

の超基本

ロ

中国人民大学出版社
· 北京 ·

图书在版编目（CIP）数据

真相永远只有一个：跟柯南学逻辑推理 ／（日）上野豪著 ；丁宇宁译. -- 北京 ：中国人民大学出版社，2024.3

ISBN 978-7-300-32506-4

Ⅰ．①真… Ⅱ．①上… ②丁… Ⅲ．①逻辑推理 Ⅳ．①0141

中国国家版本馆CIP数据核字(2024)第024527号

真相永远只有一个：跟柯南学逻辑推理

[日]上野豪（Tsuyoshi Ueno）　著

丁宇宁　译

ZHENXIANG YONGYUAN ZHIYOU YI GE : GEN KENAN XUE LUOJI TUILI

出版发行	中国人民大学出版社	
社　　址	北京中关村大街31号	**邮政编码**　100080
电　　话	010-62511242（总编室）	010-62511770（质管部）
	010-82501766（邮购部）	010-62514148（门市部）
	010-62515195（发行公司）	010-62515275（盗版举报）
网　　址	http://www.crup.com.cn	
经　　销	新华书店	
印　　刷	天津中印联印务有限公司	
开　　本	890 mm×1240 mm　1/32	**版　次** 2024 年 3 月第 1 版
印　　张	6　插页1	**印　次** 2024 年 11 月第 3 次印刷
字　　数	80 000	**定　价** 59.80 元

推荐序

人工智能、大数据、机器人、物联网……当今世界，技术发展日新月异，我们几乎每天都能听到令人震惊的新消息。

然而，我们究竟应该利用这些新技术解决什么样的问题？又为什么要解决这些问题呢？至少在未来的一段时间内，"提问"这项最基础的工作还是只能由我们人类来完成。

正因为身处人工智能时代，我们才更需要"回归根本"（back to basic），努力提高逻辑思维能力，让自己能够"提出恰当的问题和恰当的假设"。

格洛比斯经营大学院（MBA）是日本最大的商学院。在学院开设的所有课程当中，最受学生欢迎的就是"批判性思维"课

程。这门课程旨在提升学生的逻辑思维能力，也是本书的写作
基础。

　　"人生百年时代"即将来临，身处这样的新时代之中，我们
必须拥抱新变化，学习新知识。推荐各位读者能够阅读这本书，
踏出迈向未来的第一步。

　　　　　　　　　　　　　格洛比斯经营大学院院长 田久保善彦

"我不知道你到底想说什么。"

你在职场上是否也受到过这样的批评？
明明自认为说得非常明白，别人却无法理解、
无法接纳自己的观点；明明自己在汇报工作
时侃侃而谈，别人却毫无反应……

很多工作要求我们通过解释说明来获得
对方的理解和认同。让听众理解我们在会议
上的发言、让同事明白发展新业务的必要性、
让客户接纳我们提出的解决方案……如果我
们无法获得对方的理解和认同，工作就无法
正常推进。

我们必须具备"逻辑思维"的能力，才

能得到对方的理解和认同。

所谓逻辑思维，是指基于大量信息做出解释并得出结论的思维方式。在具备逻辑思维能力的基础上，我们才能总结自己的观点，用简明有力的话语将自己的观点传递给对方，进而获得对方的理解和认同。

不同人的价值观念和性格特点各不相同，但当这些个性千差万别的人聚集到同一个职场中时，他们就必须通力合作，才能推动工作顺利完成。因此，职场中的我们必须采用对方能够理解和认同的方式来表达自己的观点。

可以说，逻辑思维能力的高低与经验的多寡无关。它是最基本的思维方法，也是帮助我们提升工作质量的重要工具。

然而，要想全面学习逻辑思维的基础知识却相当困难。

相信很多读者曾听说过"逻辑思维"这个词，但有很多人并不完全理解它的含义，或完全不知道该如何应用它。

但是，逻辑思维是职场中的必备技能之一，所以我希望找出一种简单易懂的学习方法，让每位读者都能理解逻辑思维的相关知识。于是，我想到了一部漫画，那便是《名侦探柯南》。

相信各位读者或多或少都接触过《名侦探柯南》的漫画、动画或电影作品。

这部作品最大的特点就是推理。

"真相永远只有一个。"

在动漫中，主人公柯南经常会说出这句台词，而在揭开真相、接近真相的过程中，逻辑思维能力不可或缺。

格洛比斯经营大学院是日本最大的商学院，我曾在这所学院中开展过一项课题研究，试图探明人们是否能够利用漫画学会商业活动中所有必备技能。

我在本书中将以这项研究为基础，尽量利用漫画来讲授逻辑思维的基础知识，力图使这些知识变得通俗易懂，这也是格洛比斯经营大学院 MBA 课程的学员们在学院中的第一课。

无人不知无人不晓的柯南在解决他人难以侦破的案件时，究竟是如何利用逻辑思维能力的呢？我们在日常生活中总能接触漫画，相信所有人都曾翻阅过几本漫画作品。我相信，用漫画来讲授必要的商业技巧会方便读者理解与接受。

如果你初次接触逻辑思维，全然不知逻辑思维为何物，或虽曾学习过相关知识却还未能熟练运用逻辑思维，我相信本书将对你大有帮助。我在书中介绍了运用逻辑思维过程中的五个步骤。

我在书中介绍的内容都是基础中的基础。读完本书后，即使不再学习其他相关知识，你也能开始运用逻辑思维能力解决工作生活中遇到的种种问题。

在第 1 章中，我简要介绍了逻辑思维为何物。

在第 2 章中，我介绍了解决问题的第一步——设置"问题"

（即论点或接下来应该思考的主题）的方法。

在第 3 章中，我介绍了"框架"的搭建方法。框架能够帮助我们梳理得出主张或结论的过程中必须要考虑的要点。

在第 4 章中，我介绍了"初始假设"的构思方法。初始假设是帮助我们推导出主张或结论的临时性答案。

在第 5 章中，我介绍的方法能帮助我们在验证初始假设正确性的基础上，从多角度出发考虑其他假设存在的可能性，从而进一步接近正确的主张或结论。

在第 6 章中，我介绍了如何梳理归纳所有的信息和想法，并得出最终的主张或结论。

为了方便学习过逻辑思维的读者进行复习，我对思维框架和反复出现的术语都做了详细的解释。

另外，我将每一章都分成了以下三个部分：

▶◀ 介绍这项逻辑思维技巧的用途与难度，并举出实际工作场景中的使用案例；

▶◀ 简单介绍柯南侦破案件的前后经过及侦破过程中出现的重要台词；

▶◀ 介绍《名侦探柯南》漫画中逻辑思维的具体应用方法。

如果时间允许，我建议各位读者在阅读本书的同时，翻阅《名侦探柯南》漫画。这种方法既能加深对本书内容的理解，同时还能增强阅读的趣味性，你会更容易记住书中的内容。

身处"人生百年时代"，我们如果不能在年轻时就拿到一件帮助自己进行职业技能积累的"武器"，那我们未来的人生规划一定会受到制约。

这件能够使我们终身受用的"武器"，就是逻辑思维能力。希望各位读者在读完本书后，能够将从本书中学到的知识运用到实践之中。

"学习－应用－回顾"模式能够让我们事半功倍。如果各位读者能利用逻辑思维这个最强大的思维工具来更好地规划自己的人生，这将是我的荣幸。

接下来，让我们和柯南一起走进逻辑思维的世界吧！

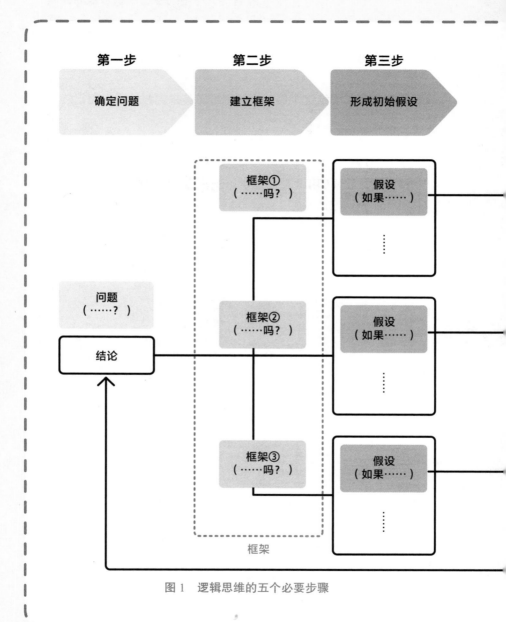

图 1　逻辑思维的五个必要步骤

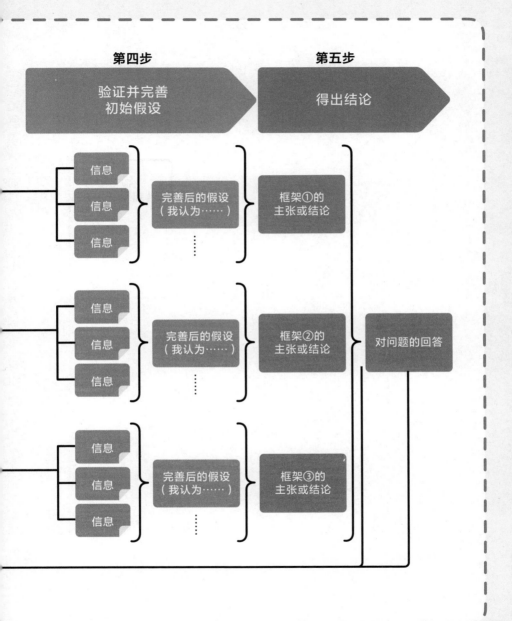

目　录

第 1 章

什么是逻辑思维

学会逻辑思维后，我们在工作中会发生哪些变化 // 3

弄清"主张"与"根据"，可以帮助我们发现疑点 // 10

逻辑思维是处理工作和人际关系的万能工具 // 12

提高逻辑思维能力的两个思维工具 // 15

案发现场用到的演绎思维法 // 20

演绎思维法的注意事项 // 23

案发现场用到的归纳思维法 // 24

归纳思维法的注意事项 // 26

第 2 章

—▶●◀—

开始行动前必须先思考 // 31

　　案发现场需要解决的问题是什么 // 35

　　确定问题后，也可以随时回顾修正 // 37

解决问题的捷径是专注于问题本身 // 41

　　无论发生什么事情，都要专注于问题本身 // 45

　　专注于问题的小窍门 // 47

确定问题

第 3 章

—▶●◀—

建立框架

什么是框架 // 53

　　框架的数量以三个为宜 // 55

　　用逻辑树来厘清思路 // 56

　　构建框架的过程 // 59

　　为什么柯南的推理总是令人信服 // 66

　　如果无法构建框架，就无法解决问题 // 67

商业场景中可以借用的框架 // 71

　　使用商业框架时的注意事项 // 73

　　按 MECE 法则进行分解 // 79

　　柯南使用分解方法的案例 // 84

第 4 章

—▪◖●◗▪—

什么是初始假设 // 89

初始假设的重要性 // 91

建立初始假设的第一步 // 98

提升知识储备 // 101

初始假设要具体 // 104

建立初始假设时的注意事项 // 107

不要变成空话 // 107

有根据作为支撑 // 110

有无隐性前提 // 117

形成初始假设

第 5 章

—▪◖●◗▪—

验证初始假设 // 125

运用分解方法来建立更多假设 // 126

初始假设并没有唯一正解 // 132

如何确定验证假设的先后顺序 // 135

完善初始假设 // 139

"一手数据"的重要性 // 146

利用大胆的解释建立起强有力的假设 // 148

验证并完善初始假设

第 6 章

分两步得出结论 // 155

得
出
结
论

质疑自己的固有认知和已经掌握的信息 // 157

任何时候都不要偏离问题、忘记框架 // 161

针对框架给出种种回答 // 162

结语 // 169

什么是逻辑思维

学会逻辑思维后，我们在工作中会发生哪些变化

难度★★☆☆☆

> **何时会用到逻辑思维？**
> ● 对命令的内容或重要性产生疑问时
> ● 希望提升自己发现问题的能力时

听到"逻辑思维"这个词，你会联想到什么？它的英文名称是"logical thinking"，可直译为"有逻辑的思维方式"。可究竟什么样的思维方式才是有逻辑的思维方式呢？

简单来说，有逻辑的思维方式是指有根据地推导出某种主张或结论的思维方式。

"根据""主张"这些词汇可能会让你对逻辑思维望而生畏，

但其实我们每个人都会在日常生活中自然而然地用到这种思维方式。

如果你在商店内购物时对一件衣服有些心动，那你自然而然地就会想到"我想知道这件衣服的尺码是否合适，所以我要试穿一下"。

这时，你脑中的思维过程就是这样的：

在买下这件衣服之前，我必须要知道它的尺码是否合适，所以……（根据）

↓

我要试穿一下。（主张或结论）

在这个思维过程当中，根据与主张/结论之间的关系顺理成章，任何人都能够被其说服。这种从有足够说服力的根据出发，推导出某种主张或结论的思维方式就是逻辑思维。

为了买到合身的衣服而决定在购买前试穿——可能有人会觉

得，这是理所当然之事。不过，如果能把这种"理所当然"的思维方式应用到商业场景当中，你将会有不小的收获。

学习逻辑思维有两大好处。

第一，学会逻辑思维后，你将能更加清晰地向对方传达自己的想法。你能够理顺自己想要表达的信息和内容，清楚地告诉对方自己为何会推导出这样的主张或结论，帮助对方理解你的想法。

现在，请想象以下两个情景。在第一个情景中，上司只命令你"把每个店铺的销售额做成图表"；在第二个情景中，上司则对你说"我想让团队成员了解每个店铺的销售额，所以请你把这些数据做成图表"。这两个情景中的上司是否给你留下了截然不同的印象呢？

虽然在两个情景中，你都需要完成"制作图表"这项工作，但在后一个情景中，上司却加上了"想让团队成员了解每个店铺的销售额"这一根据。如此一来，你便能够理解这项工作的重要性，最重要的是，你进一步领会了上司的意图，可以开始安心制作图表了。

逻辑思维只不过是一个帮助我们提高表达能力的技巧，但如果你能够熟练运用这一技巧，那么当上司提出让你无法理解的命令时，你将不再只是模糊地感到"好像哪里不对"，而是能够清晰地认识到对方的命令中存在"缺少根据""从这个根据推导出这个主张显得太过牵强"等不足，并针对这一不足提出质疑或给出替代方案。

第二，学会逻辑思维后，你将能厘清问题发生的原因，进而想出解决方案。

相信每个人都曾在遇到某个问题或难题时，因无法解决而苦恼不已，但逻辑思维可以帮助你深入探究"这个问题为什么会发生"。在探明问题发生的原因后，你便能从多个角度去思考解决方案。

逻辑思维可以帮助你厘清日常生活中的疑惑与烦恼，进而想出解决方案。

[柯南探案]

对了，是狗！提到警察，就会联想到警犬！

——毛利小五郎（第 17 卷第 7 话《时钟》~ 第 9 话《L.N.R》）

　　私家侦探毛利小五郎收到了一对兄弟寄来的一封信。信中写着："我们的祖父已经过世，在他留下的别墅里却发生了一起离奇的事件。希望您能够帮助我们解开这起事件的谜团。"

　　毛利小五郎带着女儿小兰和柯南来到了别墅，和委托人——也就是那对兄弟——一起破解别墅中的谜团。委托人祖父留下的这座别墅中摆满了时钟。另外，祖父还非常喜欢动物，所以别墅内的家具和餐具上都有动物装饰。

　　信中提到的离奇事件是指，每天一到上午 11 点，别墅内所有电子时钟的闹铃就会同时鸣响，而且只有电

名探偵コナン

子时钟会鸣响，机械时钟则不会——这似乎蕴含着某种深层含义。

另外，所有电子时钟显示屏上"11:00"的两个"0"之间都有一道划痕。这道划痕似乎是想让人读出"110"这个数字，而不是"1100"。

那么，"110"究竟蕴含着怎样的深意呢？

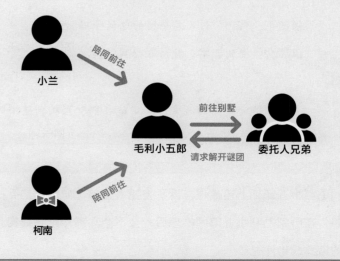

✿ 弄清"主张"与"根据"，可以帮助我们发现 疑点

毛利小五郎是一位名声在外的侦探。不过，其实他解决的案件绝大多数是由柯南推理出来的，所以他并不擅长逻辑思维。

既然他已经答应了委托人的请求，所以他现在不得不开始推理。别墅时钟上显示的"110"究竟有何含义？毛利小五郎的推理过程如下。

> 根据①："110"代表着警察的电话号码。
>
> 根据②：提到警察，就会联想到警犬。
>
> ↓
>
> 主张：解开谜团的线索，一定就在别墅里狗狗造型的家具或物件当中。

毛利小五郎把上述推理告诉了委托人兄弟。如果你是委托人兄弟，在听到毛利小五郎的推理后，会不会立刻开始寻找狗狗造型的家具或物件呢？

毛利小五郎毕竟是名声在外的侦探，所以他发出指令后，在场众人纷纷遵照他的指示在别墅内搜寻起来。但无论怎样寻找都没能找到任何一点线索。

接下来，毛利小五郎又对委托人兄弟说："时钟上的'11'应该象征着条纹，所以谜题的答案一定隐藏在斑马造型的物件当中。"可毛利小五郎的这一次推理实在太过牵强，委托人兄弟无法接受他的意见，并向他表达了不满。

想象一下在工作现场，负责人正面临着某个棘手的问题。如果负责人每想到一个方案就不顾一切地强行推进，丝毫不考虑其他可能，那么工作现场肯定会变得混乱不堪。

在这个案例中，"110"有很多种理解方式。可以直接理解成电话号码，也可以理解成条纹，还可以理解成某个词汇的谐音。

然而，毛利小五郎却用一种近乎武断的方式来解释"110""11"等信息，并以此为根据，断言自己已经掌握了解开谜题的线索。虽然乍一看根据与主张之间的逻辑关系能够成立，但实际上根据本身就站不住脚。

从结果上来看，"110"这个密码与动物之间没有半点关联。谜底最终还是由柯南揭晓的。

✡ 逻辑思维是处理工作和人际关系的万能工具

如果你听到别人的话语后觉得哪里不对劲（尽管这种感觉可能不会像毛利小五郎的案例中那样明显），那么对方的根据或主张中很可能有过于牵强的地方。

另一种可能是，虽然对方的主张颇有说服力，但支撑这一主张的根据并不恰当。这种情况同样让人难以信服。

逻辑思维可以帮助我们厘清主张和根据之间的关系，从而帮助我们避免强行解释，找出问题出现的真正原因和解决问题的高效方法。

反过来说，如果你无法运用逻辑思维，周围人就无法理解或认同你的主张或结论，你也就无法得到周围人的帮助和信任。

　　当你和上司、下属或同事之间出现意见分歧时，如果能不被情绪操控，有逻辑地整理归纳双方的意见，那么你们之间的对话沟通就能更加顺畅地推进下去。这会帮助你减少工作上的阻力，同时避免人际关系的恶化。

　　我们不妨先从日常生活中那些不起眼的决定入手，厘清自己的主张和根据，提高逻辑思维能力。

我们可以时时留意日常生活中的"主张"和"根据"，培养自己的逻辑思维能力。

提高逻辑思维能力的两个思维工具

难度 ★★★☆☆

何时会用到这些思维工具？

● 想证明自己想法的正确性时

● 对调查得到的统计结果或数据进行分析时

在工作中，你是否说过或听过类似下面的话：

▶◀ "红字内容一般是禁止事项，所以这个文件中的红字内容应该也是禁止事项吧？"

▶◀ "所有调动到人事部的人都当上了部长，所以之前被调到人事部的 D 迟早也会成为部长吧？"

说话的人可能并不认为自己正在运用逻辑思维，但实际上这些话语中都闪烁着逻辑思维的火花。

逻辑思维是一个统称，其中包含着多种思维方法。相信有不少读者听说过"逻辑树"或"MECE 法则"，我将在后文中介绍这些方法。

虽说它们都是经营顾问运用逻辑学方法研发出的思维工具，但它们的基础都是上文例句中出现的两种传统思维工具。也就是：

▶◀　演绎思维法；
▶◀　归纳思维法。

虽然它们看上去使用难度很高，但其实我们在日常生活中也会经常用到这些逻辑思维方法。柯南也常会在案发现场用到这两种思维工具。

[柯南探案]

这里不是有拼接的痕迹吗！他们真的很重视它吗

——工藤新一（第 34 卷第 11 话 ～ 第 35 卷第 4 话《金苹果》）

　　工藤新一在变成柯南以前曾和小兰以及曾当过女演员的母亲有希子一起在纽约观看过一场音乐剧。

　　在有希子的朋友莎朗的介绍下，他们得以在正式演出前见到莉拉、阿嘉妮和萝丝三位女演员，并来到她们的后台休息室参观。

　　另外，他们还见到了剧团的巨星、男演员西斯。之后，他们又在演出开始前参观了舞台。在舞台侧面放置着一面大镜子，剧团的演职人员都认为这面大镜子是剧团的守护神，对它珍而重之。

其实在演出开始前发生了一系列令人不安之事，如剧团收到了一件不祥的礼物，吊在舞台侧面天花板上的甲胄突然坠落，等等。不过，演出最终还是如期开始了。

这场音乐剧中会用到一个夸张的舞台机关，而布置这个机关需要用到那面大镜子。西斯站在舞台机关当中，其扮演的穷困贵族的真实身份被人发现，整场音乐剧随之进入高潮。然而在正式演出的过程中，出现在舞台上的却是已被射杀的西斯的尸体。

名探偵コナン

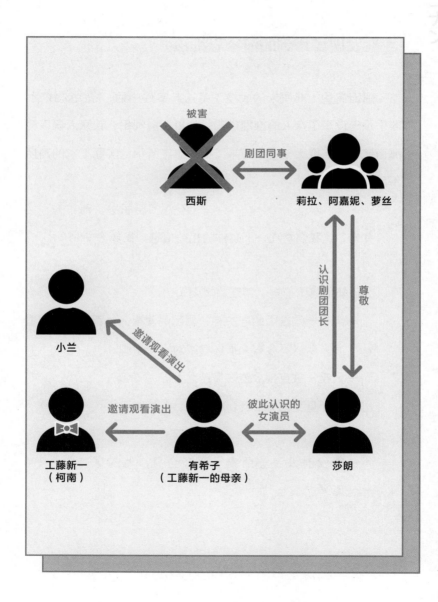

✿ 案发现场用到的演绎思维法

那面高达 190 厘米的大镜子是这起案件中的一条关键线索。凶手预先设想了众人的推理过程并加以反向利用，让众人误以为那面镜子的高度大于 190 厘米（如图 1–1 所示，实际上它的高度不足 190 厘米）。

首先，让我们整理一下案件的相关信息。

已知信息（前提、常理、规则）

→ 大镜子是剧团的守护神，剧团的演职人员都对它珍而重之，所以不会有人损坏它或对它动手脚。

→ 大镜子被直接放置在舞台之上。

→ 西斯直直站立在舞台机关上，无法蹲下。

新信息

→ 案发时大镜子照出了西斯全身，他的身高约为 190 厘米。

已知信息（前提、常理、规则）

不会有人损坏镜子　　　　镜子被直接放置在舞台上　　　西斯处于直立状态

新信息

案发时大镜子照出了西斯全身，他的身高约为190厘米

得出的结论

镜子的高度不低于190厘米

图 1-1　案例现场用到的演绎思维法

然而工藤新一突然发现，虽然小兰的身高只有 160 厘米左右，却几乎与镜子等高。

几位演员曾告诉工藤新一，这面镜子对剧团来说非常重要，所以工藤新一心中立刻产生了强烈的疑惑，这促使他重新测量镜子的高度，结果发现镜子根本没有 190 厘米那么高。

为什么这面对剧团而言非常重要的镜子会被人动了手脚，高度变得不足 190 厘米了呢？

工藤新一筛选出"镜子高达 190 厘米"的根据并检验它的真伪，从而迅速找到了镜子变矮的原因。

这种用新信息对照既有前提和规则，进而得出结论的方法被称为"演绎思维法"。

我在前面曾举过一个例子："红字内容一般是禁止事项，所以这个文件中的红字内容应该也是禁止事项吧？"这个例子中的主张或结论是通过下述根据推导得出的：

已知信息（前提、常理、规则）

→ 公司内有一项规则，禁止事项要用红字书写。

新信息

→ 眼前这份文件中，有部分信息是用红字书写的。

得出的结论

→ 这部分信息是禁止事项。

✿ 演绎思维法的注意事项

在这起案件当中，前提信息本身是错误的，因此众人虽然正确使用了演绎思维法，但得出的是错误的结论。现实生活中也可能出现这样的问题。

因此，当我们使用演绎思维法时，需要一一确认作为推理根据的已知信息是正确的。

✡ 案发现场用到的归纳思维法

其实这起案件中还有另一条关键信息。开始时众人认为，这起案件的凶手应该是与剧团毫无关系的外部人士。这是因为演出前后接二连三发生了以下几起事件（如图 1-2 所示）。

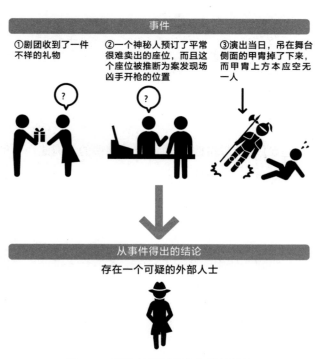

图 1-2　案发现场用到的归纳思维法

◣ 事件①：剧团收到了一件不祥的匿名礼物，与演出中的故事情节有关。

◣ 事件②：观众席中有一个座位很难看到舞台，所以这个座位的票平常很难卖出去。但在本场演出中，一个可疑的神秘人提前一个月就早早预订了这个座位，而且这个座位被推断为案发现场凶手开枪的位置。

◣ 事件③：演出当日，吊在舞台侧面的甲胄掉了下来，而甲胄上方本应空无一人。

这些事件接二连三地发生，让在场众人都以为"存在一个可疑的外部人士"。然而，这却是凶手设下的陷阱。

这种根据多个事件推导出结论的方法，也称为"归纳思维法"。

我在前面还举过这样一个例子："所有调动到人事部的人都当上了部长，所以之前被调到人事部的 D 迟早也会成为部长吧？"这个例子中的主张或结论是以下述三个事件为根据推导得出的：

事件①：之前被调动到人事部的 A 成了营业部部长。

事件②：之前被调动到人事部的 B 成了市场部部长。

事件③：之前被调动到人事部的 C 成了信息系统部部长。

↓

从事件推导出的结论：之前被调动到人事部的 D 应该迟早也会成为某个部门的部长。

✿ 归纳思维法的注意事项

在这起案件中，凶手利用诡计误导了在场众人。众人虽然正确使用了归纳思维法，但思考的根据却都是凶手伪造出来的。因此，众人得出的结论也背离了案件的真相。

在使用归纳思维法时，我们需要一一确认作为推理根据的已知信息是否是正确的。在使用演绎思维法的时候同样需要注意这一点。

在现实生活中，很多人会无意识地使用演绎思维法和归纳思维法。

第 2 章

确定问题

开始行动前必须先思考

难度 ★ ★ ★ ★ ☆

何时会用到这种方法?

● 刚刚开启新项目时

● 想要探究某个问题的真正原因时

我们必须先弄清楚自己接下来应该思考些什么,明确"问题"才能合理地进行思考。在这个过程当中,"问题"(issue)发挥着重要作用。所谓"问题",是指接下来需要思考并得出结论的问题。

假如你刚刚成为某个新产品宣传网站的负责人,希望通过运营社交媒体账号来提高这个网站的知名度。这时,你向前辈请教了以下两个问题:

▶◀　　在何时发布何种内容，才能获得更高的浏览量？

▶◀　　在之前的项目当中，网站通过社交媒体获得了多少点击量？

　　然而，前辈却反问你以下几个问题。

▶◀　　有多少人会希望通过社交媒体了解一个产品宣传网站呢？

▶◀　　只是为了告知大众产品宣传网站的存在而注册一个社交媒
体账号，这样的行为是否有意义？

▶◀　　与注册社交媒体账号相比，发布新闻公告或在展览会上派
发传单是否更容易给潜在顾客留下深刻的印象？

　　你是否真的有必要注册一个社交媒体账号呢？在考虑这个问题以前，其实你必须先考虑另一个问题：怎样做才能为更多潜在顾客提供新产品的信息？如不考虑清楚后者，你将无法得到根本的解决方案。

　　如果我们在开始行动之前没能明确问题，没能想清楚"我接下来必须考虑些什么问题"，就可能会犯下意想不到的错误或造成时间的浪费。

[*柯南探案*]

难道？！也许先不要断定死者是自杀为好

——江户川柯南（第 75 卷第 9 话《私家侦探》~ 第 11 话《回归于火焰的宿命》）

毛利小五郎带着小兰和柯南参加了高中同学伴场赖太的婚前派对。

赖太的新娘加门初音与毛利一行人相谈甚欢。但初音中途离开了派对，前往美甲店去做美甲。

在初音快要回到派对时，赖太给初音打了一个电话，电话那头传来一句"再见"。紧接着，初音那辆停在停车场里的汽车突然冒出了熊熊大火。灭火后，人们找到了初音那烧得焦黑的遗体。警察赶到现场后立即展开调查。调查显示，初音的美甲尖部有一些皮屑，其 DNA 与赖太的 DNA 几乎完全一致。

　　另一边，安室透也开始进行推理。安室透是初音雇用的侦探，他潜入派对是为了寻找赖太出轨的证据。安室透认为，赖太怀疑他就是初音的出轨对象，在嫉妒心的驱使下杀害了初音……

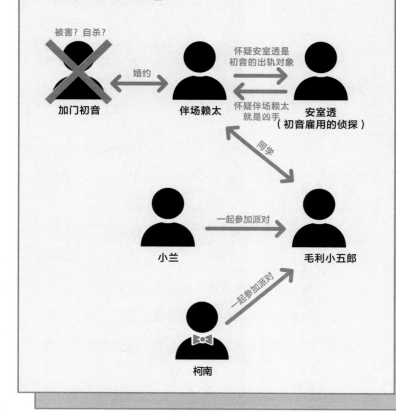

✿ 案发现场需要解决的问题是什么

初音在死前曾说过一句"再见"，似乎暗示着她的自杀倾向。然而，她的美甲里却残存着和赖太 DNA 几乎一致的皮屑。受初音委托前来搜集赖太出轨证据的安室透因此认为，自己被赖太当成了初音的出轨对象。而赖太在后来与初音扭打的过程中，被初音抓破了皮肤。

如果你是在场的警察或是柯南，你认为自己接下来应当考虑的问题是什么呢？

"初音为什么自杀"抑或"赖太是如何杀掉初音的"。

皮屑中的 DNA 与赖太的并非完全一致，也可能是第三人杀死了初音，并通过留下赖太皮屑的方式试图嫁祸给赖太。又或者，也许就是初音对出轨成性的赖太心生厌恶，想把他变成一个杀人犯。

如果只从眼前的信息中挑选出最容易思考的一条，并把它设置成问题，那么问题的正确性就会难以保证。

实际上，安室透思考的"赖太是如何杀掉初音的"根本不是正确的问题。当然，安室透并不是想把赖太诬陷成杀人犯，他只是认为从现场情况判断，赖太最有可能是杀人凶手。

然而，"赖太是如何杀掉初音的"只是根据现场信息最容易推测的事情，但眼下众人必须思考的却是"初音死亡的真相"这个问题。

具体而言，只有弄清楚案件的动机和手法，换句话说，只有专注于"初音为什么死，又是怎么死的"这个问题，才能探明初音死亡的真相。

在确定问题时一定要时时反问自己，是不是只考虑了表面现象。

剧情一开始的台词是柯南开始进行推理时头脑中的独白，他当时只掌握了部分信息，为了尽量避免对杀人手法做出判断，所以继续搜集其他信息。

柯南坚持不懈地追求真相，终于成功查明了初音自杀的真正原因——一个无比悲哀的原因。如果警察轻信了安室透的主张，将赖太带回警局调查，那么案件的真相恐怕要等到很久之后才能大白于世。

✿ 确定问题后，也可以随时回顾修正

在实际的案发现场中，我们会同时接触大量信息，因此专注于"我接下来应该思考些什么"这一根本问题其实非常困难。

但在很多商业场景中，我们不得不同时处理海量信息。如果我们不小心偏离了问题，那么无论花费多少时间，无论进行多么深入的思考，也只是浪费时间。

因此，时刻牢记"我接下来应该思考些什么""问题是什么"就显得尤为重要。

有时，我们也会在一开始就将问题弄错，但我们也可以在之后进行反省，问问自己"在这次工作中，我到底应该思考些什么"，从而对问题进行修正。

我们应该在日常生活中培养自己的问题意识。

如果确定问题时犯了错误，那么解决问题时也会走弯路。

解决问题的捷径是专注于问题本身

难度 ★★★★☆

何时会用到这种方法？

● 项目状况随时随地会发生变化时

● 信息量巨大时

你所在的制作团队正在召开会议，讨论新宣传单的设计理念。

在会议上，你们自然而然地讨论到"宣传单应当采取何种设计理念"这个问题。

然而，大家在看到某个人提交的天空照片后，突然把注意力转向了对照片的选择上，你说一句"如果用这张天空照片的话，做出来的宣传单应该会很漂亮"，我说一句"如果要用天空照片的话，这边的这张不是更好吗"……结果可想而知，会议完全偏离了"确定设计概念"的主旨。

就像这个案例中所呈现出来的那样，我们即使知道接下来必须思考的问题是什么，但当多个话题接二连三地涌现出来时，我们还是很可能会背离问题的主旨。这样的会议便会沦为单纯的"聊天"。

在对话过程中，特别是在开会或进行头脑风暴时，明确问题显得尤为重要。

在开会和进行头脑风暴时，人们的思路很容易发散。只有让在场所有人都明确"我们现在必须考虑的问题是什么"，才能使会议和头脑风暴沿正确的方向前进，进而得出解决问题的方案。

[柯南探案]

我说得没错吧！怪盗基德！

——江户川柯南（第 91 卷第 4 话《木神》~ 第 6 话《日记》）

友寄公华刚刚失去了自己的丈夫。她决定把丈夫生前收集的约一万册珍贵书籍捐赠给铃木财团顾问铃木次郎吉经营的铃木大图书馆。

作为交换，友寄公华希望铃木次郎吉能帮助自己找出夹在其中某本书里的便签。据说便签上记录着友寄公华非常珍视的魔术箱的打开方法。

这个魔术箱里装着怪盗基德中意并想要窃取的东西，所以铃木次郎吉打算把魔术箱放在图书馆中展出，引诱怪盗基德来打开箱子，并趁机将其抓获。

终于到了展览这一天，不仅警察来到图书馆中等待怪盗基德的到来，就连有着"怪盗基德克星"之称的柯南也被铃木次郎吉叫来了图书馆。

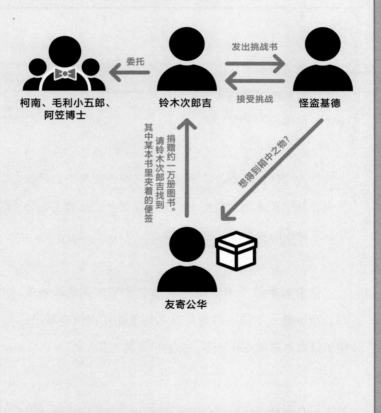

✡ 无论发生什么事情，都要专注于问题本身

在这起牵涉怪盗基德的案件当中，问题究竟是什么？那便是"如何才能抓到怪盗基德"。

或许也有人认为，只要箱中的宝物没有被盗走，能否抓到怪盗基德就不重要。但为了今后不用再担心宝物的安危，还是趁这次机会将怪盗基德抓住为好。

怪盗基德避开警方和柯南的视线，瞬间打开魔术箱并夺走了箱中之物。

不过，他实际上只是使了个障眼法，让众人误以为箱中之物已被盗走，其实他既没有打开箱子，也没有夺走箱子里的东西。魔术箱上插着一张写有"箱中之物，基德拜受"字样的卡片，于是在场众人都以为基德找到时机盗走了箱中之物，不由得面面相觑。

在（众人误以为）箱中之物被盗走的情况下，众人对事态的

急转直下震惊不已，纷纷考虑"怪盗基德是如何瞬间打开魔术箱的""被盗走的箱中之物现在何处"等问题，却背离了本起案件中的根本问题。

不过，即使箱中之物已被盗走，柯南却还是专注于"如何才能抓住怪盗基德"这一根本问题，坚持不懈地深入思考。

柯南认为，怪盗基德经常会变装成现场有关人员，从而制造出对自己有利的局面，所以这一次他大概也变装成了在场的某个人。

接下来，柯南在观察在场众人时发现，阿笠博士身上的创可贴位置有些奇怪，而且他手中还拿着一本按他身高来说根本不可能够得到的图书。由此，柯南判断怪盗基德变装成了阿笠博士，并对其展开了追捕。

"我说得没错吧！怪盗基德！"正是柯南对怪盗基德亮出这些证据时说的话。

✡ 专注于问题的小窍门

想要像柯南一样无论在什么情况下都能专注于问题，不偏离主线，是一件相当困难的事情。

所以你不妨试试下面这个小窍门：在工作时把问题记录在白板、便签或电脑上，让问题永远不离开自己的视线。

即使在会议过程中偏离了主旨，这个方法也会帮助你轻松回到问题中来。

我们在工作中常会遇到各种变化，比如不得不调整项目或企划的方向，或方针发生变动等。如果被眼前发生的变化迷惑了双眼，进而关注自己本不必做的事情来，我们便"偏离问题"了。本节开头讲到的会议情景正是"偏离问题"的典型案例。

当我们面对"如何让设计部完成更多的订单"的问题时，可以通过记录背景或经过（如"虽然订单数在不断增加，但现在的劳动力市场是卖方市场，所以很难招到新人""六月又接到了两

笔大额订单，所以必须在五月做好准备"等），快速认识到问题
的重要性。

如果采取了上述方法，即使一时偏离了目的或议题，也能快
速回归到问题中来。

"偏离问题"的现象随时都可能发生，我们必须利用一些窍门来随时提醒自己问题的存在。

建立框架

什么是框架

何时会用到框架？

● 想要全面了解某个问题时

● 想要找到一个问题的多个解决方案时

一个资历较浅的同事问你："我们该怎样做才能拿到这个订单呢？是加入个性化设计，让产品功能更加丰富，还是仅提供最低限度的功能，同时把价格降下来？"

这时，如果你只回答一句"还是前者吧，增加产品功能"，那么这位同事会做出怎样的反应呢？

他或许应该会询问你增加产品功能的理由。

影响产品销售的因素有多种，如需求、价格、支持力度等，但你究竟是以什么为根据而给出了这样的回答（主张或结论）的呢？你必须说明你的理由才能得到同事的理解和认同。

当你提出某个观点时，必须给出支持这个观点的根据。虽然这听起来像是一句"正确的废话"，但如果没有根据，你就得不到对方的理解和认同。

在这个案例当中，如果你能够提出一个理由，如"考虑市场对该产品的需求、本公司产品的优势、竞品公司可能提出的方案等，我认为我们应该增加产品功能"，那么同事应该会理解并认同你的观点。

同事自己也会就你提出的"市场对该产品的需求、本公司产品的优势、竞品公司可能提出的方案"三个角度进行思考，或许还会在你的观点的基础上更进一步，将你提出的"能否满足客户需求"替换成"能否将价格降到比竞品公司更低"，并认为这才是谈判成功的关键。

为了回答同事的问题而厘清自己的思路，这可以帮助你和同事重新思考关于"增加产品功能"的提案（主张或结论）是否切实可行。

当你针对某个问题得出主张或结论时，你一定想到了某些要点（根据），将这些根据整理好后，便形成了框架。

✡ 框架的数量以三个为宜

如果你还没有想好框架，就贸然得出"应该采用增加产品功能的方案"这个结论，那么对方只会感到你的说法过于唐突，很难接纳你的结论。

如果希望自己的结论能被对方接纳，那么你就必须提出几个框架，来帮助你解释清楚"根据"——对方想从你这里听到的东西。不过如果框架过多，对方理解起来也会很有困难。

因此，框架的数量以三个为宜。

✿ 用逻辑树来厘清思路

你在生活中是否也遇到过这样的事情：虽然确定了问题，但不知道自己要查阅什么资料，从何处开始思考才能解决这个问题。

在前面的案例中，同事向你提问的内容就是"问题"，而你则开始思考，自己应该考虑些什么内容才能得出结论，进而回答这个问题。

在确定问题后，考虑框架时，如果仅在头脑中进行思考，我们很难理厘清自己的思路。

这时，我们可以用到"逻辑树"这一思维工具，它能够为我们的思考过程带来很大便利。

所谓逻辑树，是指将结论和支撑结论的根据绘制成树状结构。将针对问题得出的结论写在下方，将根据（得出结论前必须要考虑的要点）写在右侧，这些汇总在一起的根据就是框架（见图 3–1 ）。

绘制逻辑树的好处主要有以下两点。

第一，用图表来展示结论与根据，可以方便绘制者对内容进行检查。

逻辑树可以帮助我们检查结论和根据之间有无思维上的跳跃或牵强附会，以及思考过程中是否遗漏了某个论点。

你可以进一步认识到在支撑结论的根据中，你对哪几条非常笃定，哪几条仍有怀疑的空间，这能够使你的逻辑变得更加周全。

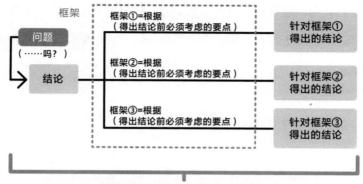

图 3-1　逻辑树模板

第二，方便对方理解你的想法。

看到逻辑树的人能够理解你思考过程的全貌，因此无论对方是赞同还是反对你的意见，你们都可以在理解的基础上展开讨论。

如果能将头脑中的思考过程用逻辑树的形式呈现出来，那么你也可以非常轻松地将其转变为文章或 PPT 等其他形式。

✿ 构建框架的过程

那么，我们应该如何构建框架呢？可以参考下面这个用到逻辑树的案例。

假如你是研发部门的成员，使用某种新技术开发了一款新产品。为了将这款产品投放到市场，你必须做一次说明会。在说明会上你打算谈及哪些内容呢？

假定新技术的价值很高，在这一前提下，如图 3-2 所示的逻辑树能够说服你吗？

当你使用这个逻辑树进行说明时，上司会做出怎样的反应呢？上司是否会认同"应当投放市场"的结论呢？

可以想象，上司一定会提出很多问题，如顾客需求量有多少、制作成本有多高、需要几条生产线、市场上有哪些竞品等。

但上司之所以提出这么多问题，并不是因为你的结论是错误

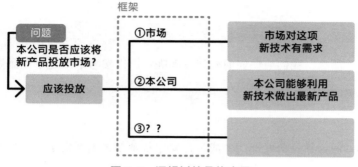

图 3–2　逻辑树的具体应用

的，而是因为你没有给出支撑结论的根据，这些根据正是对方想要了解的。

在告诉对方某个结论时，我们必须将根据整理成框架，告诉对方自己是如何得出这个结论的。

我们可以通过以下三个步骤来搭建框架。

第一步：提出问题。

在第 2 章中我们学到，第一步是确定问题，想好"接下来要考虑什么"。这一步的重点是加入主语和谓语，进一步明确问题。

例如，在这个案例中，我们面对的问题是"本公司是否应该将新产品投放市场"。

第二步：搭建支撑结论的框架。

接下来我们要思考的是，得出结论前必须要考虑哪些要点。我们需要从多种角度出发来考虑问题，所以一开始应当尽可能多地列出要点，之后再针对某几个要点进行深入思考。

例如，在这个案例当中，我们可以想到以下要点：

- 市场是否有需求？需求的规模有多大？今后是否有增长空间？投放这个产品时需要注意哪些问题？
- 投放这个产品后，本公司的其他产品会受到哪些影响？是否有销售网络？
- 本公司能得到多少收益？
- 其他公司是否推出了相同产品？是否会在日后投放市场？

第三步：根据优先度对框架进行精简归纳。

最后一步是根据优先度对支撑结论的框架进行归纳。例如，在"市场需求""本公司产品价格""其他公司产品价格"框架下，你能得出什么样的结论呢？

当然，还有很多其他应该考虑的东西并没有被写进这个框架之中，如销售网络、本公司与其他公司产品质量对比等。

在一开始，我们会将框架拉得很大，尽量把能支撑结论的根据全都网罗进来，但最后我们要对框架进行精简，将要点保留在三个左右。

例如，在第二步中，我们列出了解决问题的要点，但我并没有将所有要点放到框架之内，而是精选出了"市场""本公司""竞品公司"这三个要点（见图3-3）。

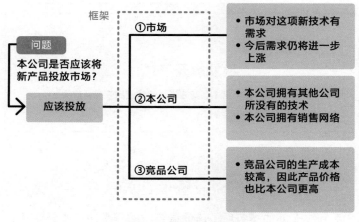

图 3-3　框架中的要点

　　如果你能借助逻辑树来构建框架，就能快速而准确地想出自己和对方都能接受的解决方案。

[柯南探案]

谜题解开了！！

——江户川柯南（第 1 卷第 6 话《迷糊侦探变成名侦探》~
第 9 话《不幸的误会》）

　　偶像艺人冲野洋子和她的经纪人山岸荣一一起来到
毛利小五郎的事务所，请他调查跟踪狂事件。冲野洋子
最近接连收到不少骚扰消息，希望毛利小五郎帮助自己
调查此事。毛利小五郎作为冲野洋子的头号粉丝，兴奋
地接受了委托。

　　毛利小五郎和小兰、柯南一起来到了冲野洋子居住
的公寓，却在房间中看到了一具男性的尸体。死者是冲
野洋子曾经的恋人藤江明义，他被刀具刺中后背，当场
身亡。

　　冲野洋子的公寓位于 25 层，房门上了锁，几乎不

可能有人从外部入侵这间房间，而且那把用作凶器的刀具上只有冲野洋子的指纹。于是，警察怀疑是冲野洋子犯下了这桩杀人罪行。然而，柯南却留意到几处不自然的地方：死者手中的头发和尸体周围的水滴。

凶手真的是冲野洋子吗？为了揭露案件的真相，柯南开始搜集必要的信息。

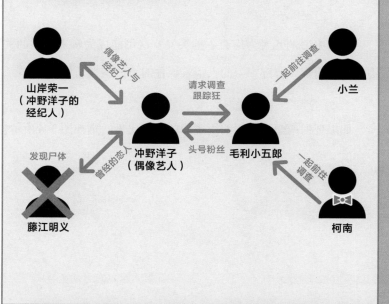

✿ 为什么柯南的推理总是令人信服

在"偶像艺人密室杀人案件"中，人们在冲野洋子的房间里发现了一具尸体。开始时，柯南将问题设定为"眼下的状况是如何形成的"，由此展开了推理。

接下来，柯南开始考虑什么才是解决问题的线索、自己应该思考些什么内容，并列出了三个框架。

背部中刀的死者为何会手握头发？这可能成为解决问题的关键。一般而言，背部中刀的人很难抓住对方的头发。

如果把柯南想到的框架用逻辑树呈现出来，则如图3-4所示。

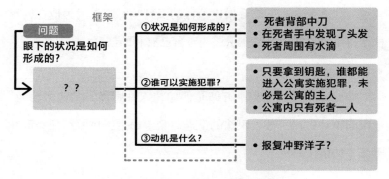

图 3-4　根据柯南的想法列出的框架

✿ 如果无法构建框架，就无法解决问题

与此同时，毛利小五郎断定经纪人山岸荣一就是凶手，因为他握有公寓的备用钥匙。

可事实是死者藤江明义自杀身亡，这桩案件完全是他的自导自演。他故意手握头发去死，让人误以为他是被刺身亡——这便是他使出的诡计。毛利小五郎没有看穿这一点，中了藤江明义的圈套。

为什么毛利小五郎会做出这样的误判呢？这是因为他在构建框架得出结论时，只关注了那些对自己有利的信息。

如前文所述，毛利小五郎是偶像艺人冲野洋子的头号粉丝，他很同情冲野洋子被人跟踪的遭遇，希望通过抓住跟踪狂获取冲野洋子的信任。

因此他在进行推理时，下意识地认为冲野洋子也是受害者，绝不是凶手。毛利小五郎脑中的逻辑树如图 3–5 所示。

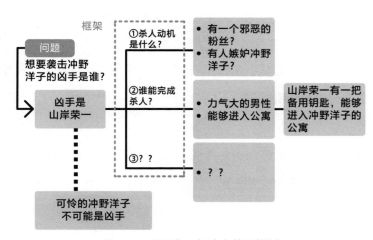

图 3–5　毛利小五郎脑中的逻辑树

名探偵コナン

　　他只关注山岸荣一是男性且持有冲野洋子公寓的钥匙，可以自由出入公寓这一表面现象，而没有考虑其他因素，就匆匆得出了结论。他做出误判的原因是没能建立正确的框架。

　　柯南之所以没有被纷繁复杂的信息迷住双眼，是因为他能够在厘清状况的基础上准确地构建框架。

　　类似的案例在商业场景当中经常出现。

　　你发现某条生产线上不断发生操作失误，且情况愈演愈烈。如果你认为"出现这种现象的原因是对工作人员的培训不足"，那你很有可能得出"只要增加培训时间就能减少操作失误"的结论。但事实未必如此。

　　其实，操作失误也可能是操作手册本身晦涩难懂造成的。如果你没有想到这一点，那么即使增加了培训时间也未必能减少操作失误。

　　只有像这样列出框架并反复思考有无其他可能，我们才能找到问题背后真正的原因。先认真构建框架，不要草率地得出结论。

如果你希望自己得出的结论从各个角度来看都经得起推敲，那么构建框架就显得尤为重要。

商业场景中可以借用的框架

难度 ★★★☆☆

> **何时会用到这种方法？**
> - 希望探明不安、担忧的原因时
> - 希望利用以前的想法时

在上一节中，我提到了逻辑树和框架的重要性。不过，为了回答问题而构建框架，其实是一项相当困难的任务。下面我将介绍一些辅助我们构建框架的思路。

你是否听说过"商业框架"（business framework）这个词？

商业框架是一种帮助我们分析现状、选取课题的方法。咨询师和企业家们发明了这种思维框架，可以帮助人们把工作变得合理高效、简明易懂。

在很多工作场景和书籍文字中都用到了这种框架，比较有代表性的，如进行战略分析时常用的 3C 分析法和进行市场营销策略分析时常用的 4P 分析法。

在本节中，我不会对这些分析方法进行详尽介绍，不过我会介绍三个著名的商业框架案例。如果你能熟练掌握这三个案例，你在搭建框架时将会非常容易入手。

从零开始独自搭建一个框架当然也很重要，但某些商业场景可能会要求我们迅速做出反应，这时最好考虑一下能否借用从前曾经用过的商业框架。

如果能够很好地借用过去的框架，那么搭建框架的用时就会大大缩短，我们也能更快地解决问题。

▶◀   3C［顾客（customer）、本公司（company）、竞品公司

（competitor）]

　　→ 分析本公司所处的商业环境时可以派上用场。

▸◂　4P［产品（product）、价格（price）、销售地点（place）、
　　宣传（promotion）]

　　→ 分析、制定市场营销策略时可以派上用场。

▸◂　AMTUL 模型［认知（awareness）、记忆（memory）、尝试
　　（trial）、反复使用（usage）、忠诚度（loyalty）]

　　→ 分析顾客的购物行为时可以派上用场。

　　这几个框架常出现在书籍和现实中的商业场景当中。我建议
各位读者选择自己工作中能够用到的框架，并将它们作为思维工
具牢记于心。

✿ 使用商业框架时的注意事项

　　最重要的一点是：选出与问题之间相关性最强的商业框架。

　　假如你正在思考的问题是"是否应该开展某项新业务"，那么
必须问一问自己接下来应该考虑哪些事项、应该使用哪种框架。

不过，商业框架并不是每次都能派上用场。

有时，我们费尽心力寻找合适的商业框架，却发现没有一个框架能用于解决当前的问题。

这种情况下，你不得不自己建立一个新的框架。这时，"分解"的思路便可以派上用场。

所谓分解，是指将整体以要素为单位划分为多个部分。将一个大问题细分为多个小问题，可以帮助我们逐一思考每一个问题，从不同角度看待问题，对每个问题进行逐一分析。

分解的方式主要有以下四种。

1. 按层级分解

如图 3-6 所示，这是一种将整体划分为多个集合的方法。将所有构成要素相加便会得到整体。

电脑的销售额（按型号划分）

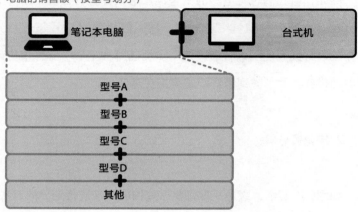

电脑的销售额（按销售渠道划分）

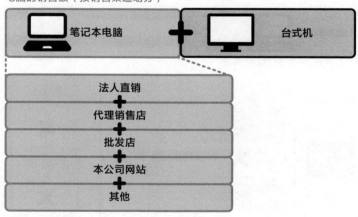

图 3-6　按层级分解

例如，当我们想将电脑的销售额按层级分解时，既可以按型号分解，也可以按销售渠道分解。用不同思路对销售额进行分解，可以帮助我们明确日后应进一步提高哪种型号、哪种销售渠道的销售额，并了解到销售额是否正在降低。

2. 按变量分解

如图 3–7 所示，这是一种将整体按构成要素进行划分的方法。人们常用乘法来表示整体。例如，如果将销售额按变量分解，就会得到：

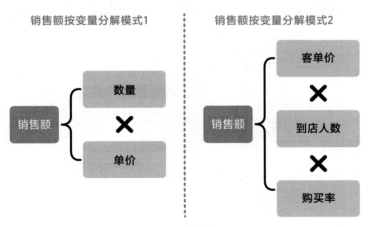

图 3–7　按变量分解

- 销售额 = 数量 × 单价
- 销售额 = 客单价 × 到店人数 × 购买率

将销售额按不同方式分解为多个要素，可以帮助我们明确日后应通过强化哪一要素来提高销售额，并考虑清楚完成目标的方法。

3. 按流程分解

如图 3–8 所示，这是一种按流程进行分解的方法。当遇到阻碍或瓶颈时，我们可以用这种方法来探明原因。

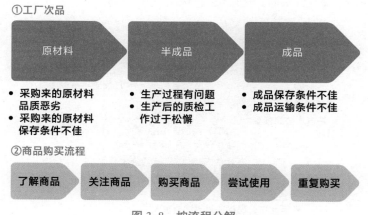

图 3–8　按流程分解

在案例①中，我们遇到了本公司工厂的产品优良率下降的问题，如果我们能对每道工序进行逐一观察，就会比较轻松地查明原因。

在案例②中，如果我们希望喜爱本公司产品的顾客进一步增多，则可以考虑将顾客的购物流程进一步分解，这能帮助我们详细分析可以用哪些方法向哪些顾客推销本公司产品。

4. 按判断条件分解

如图 3-9 所示，这种方法可以帮助我们聚焦于判断条件。当我们考虑某件事时，可以按判断标准进行分解。

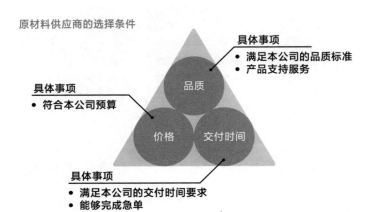

图 3-9　按判断条件分解

假如你现在负责某个新产品的研发工作。生产这款新产品需要用到某种原材料，而你所在的公司并不生产这种原材料。这时，你必须从公司外部购买这种原材料。那么你在选择供应商时，会基于哪些标准来做出判断呢？

当然，每个案例中需要考虑的因素各不相同。比如，你应该会考虑制造业设计生产过程中非常重要的 QCD[品质（quality）、价格（cost）、交付时间（delivery）] 指标。

在此基础上进一步分解需要考虑的事项，我们就能清楚地看到这个问题中的判断条件有哪些。

✿ 按 MECE 法则进行分解

无论采取哪种方式，分解时都要注意将整体按 MECE 法则进行划分。

所谓 MECE 法则是指，为了能够无重复、无遗漏地思考某个主题，而将整体划分为数个部分。它原本是一个逻辑学概念，不过咨询公司常把它用到商业场景当中，以系统化、体系化地分析问题。

假如我们现在要销售一款面向女性的产品。为了达到这一目的，我们可以将目标顾客按年龄、居住形态等多个指标进行分解（见图 3-10）。不过，如果我们没能按 MECE 法则进行分解就会造成遗漏，只能考虑其中一部分而遗漏另一部分。

在例②按照社会角色进行分解的图表中，我们可以看到，女性被分为女学生、主妇和职场女性三个群体。这种分解方式会造成重复，如有的女学生已经参加了工作，而有的职场女性同时也已经结婚成了主妇。

如果按照上述思路进行分析，认为职场女性可以通过工作获得收入并自行支配自己的收入，而主妇已经结婚，经济上比较困难，那么有工作的主妇应该归为哪类呢？结果表明，部分人的情况无法被纳入这个分析框架之中，分析结果也会因考虑不周而显得缺乏说服力。

只有无遗漏、无重复地全面理解某一事物，才能准确构建解决问题的框架。

例 **1** 按年龄分解

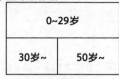

- 符合MECE法则

无遗漏，无重复

例 **2** 按社会角色分解

- 有重复，如有的女学生已经参加了工作，而有的职场女性同时也是主妇

无遗漏，有重复

例 **3** 按居住形态分解

- 遗漏了离开老家但与家人同住的人

有遗漏，无重复

例 **4** 按喜好分解

- 有遗漏，如有人既不喜欢外卖也不喜欢做饭
- 有重复，如有人既喜欢外卖又喜欢做饭

有遗漏，有重复

图 3–10　将目标顾客按多个指标进行分解

[柯南探案]

我知道了！我知道怪盗基德今晚会瞬移到哪里了！

——江户川柯南（第 61 卷第 1 话《紫红之爪》~ 第 4 话《英雄》）

小兰好友铃木园子的伯父铃木次郎吉在报纸上刊登了一则发给怪盗基德的挑战书。

挑战书中提到了铃木次郎吉持有的重达 100 克拉的紫水晶——"紫红之爪"。他在挑战书中提到，将会把紫红之爪放在银座的大街上。

不少群众和新闻记者都在看到报纸后聚集到了银座附近。紫红之爪被放在银座四丁目的正中央，警察们将它围得密不透风。就在这时，怪盗基德坐着悬挂式滑翔机来到了紫红之爪上空。

　　最后，究竟是被挑战书挑衅而来的怪盗基德能够夺走紫红之爪，还是铃木次郎吉能够守住紫红之爪呢？

　　与怪盗基德之间的决战正式上演。

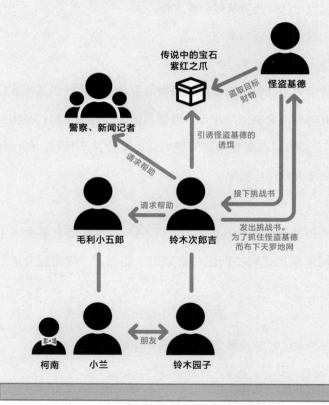

✿ 柯南使用分解方法的案例

怪盗基德登场前后的故事走向如下所示：

◗◀ 　过程①：怪盗基德登场；

◗◀ 　过程②：怪盗基德盗取宝物；

◗◀ 　过程③：怪盗基德逃跑。

柯南希望能够阻止怪盗基德盗取宝物，或将怪盗基德直接抓获。此时柯南面临的问题是"怪盗基德如何盗取宝物？又将如何逃跑"。怪盗基德案件中的问题与普通案件并不相同，所以柯南必须从零开始搭建框架。

怪盗基德的案件与商业活动不同，商业框架自然派不上用场。柯南在构建解决问题的框架时，用到了"按流程分解"的方法。

◗◀ 　框架①：怪盗基德如何盗取目标宝物？

◗◀ 　框架②：怪盗基德计划盗取的目标财物如今在何处？

◄►◄   框架③：怪盗基德如今在何处？他将如何逃跑？

　　在所有怪盗基德登场的故事中，作者都会将怪盗基德顺利逃跑前的细节全部刻画出来。因此，我们可以把怪盗基德如何盗取目标宝物、如何逃跑等过程设置为框架。

　　当我们无法应用商业框架或不清楚该解决哪些问题时，应当首先对问题进行分解。在构建框架前，最好确定自己已经遵循MECE 法则完成了对问题的所有分解。在此基础上，再仔细思考问题的解决方案。

无法应用既有商业框架时，可以尝试使用分解方法。

第 4 章

形成初始假设

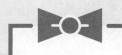# 什么是初始假设

何时会用到初始假设?

● 探索解决问题的方法时

● 出现新想法或新灵感,想要研究其重现性时

上司找到你,对你说:"最近,咱们公司的主力产品销售额不断下降,你去找找原因。"这时,你会从何处着手调查呢?

导致销售额下降的原因有很多,如本公司产品存在质量问题、市场发生变化导致产品卖不出去、其他公司推出了更吸引人的新产品等。

不过，即使你断言"这就是原因"，如果没有足够的信息作为支撑，也不会得到上司的认同。

那么，当你调查销售额下降的原因时，该从何处着手呢？

即使你费尽心力搜集整理了最近三年销量变化、各地区销量对比等相关的数据图表，如果不能准确地告诉对方这些数据图表的含义是什么，那么你的努力不会有半点效果。

这个案例中的问题是，弄清本公司主力产品销售额下降的原因，并给出改善方案。首先，我们应该建立框架，列出可能对销售额产生影响的各种因素。或许，我们可以列出"本公司的产品力""其他公司的产品力""市场需求"三个框架，其中某个或某几个因素会对销售额造成影响（见图 4–1）。例如，针对"本公司的产品力"框架，我们可以做出如下推测：本款产品自从五年前研发上市以来，产品包装和宣传手法一直没有改变过，所以是否有可能"消费者认为缺乏新意"？

像这样，从自己已知的信息或经验出发进行推测，针对问题

名探偵コナン

给出一个暂时性的答案，这就是"初始假设"。

✿ 初始假设的重要性

我们在形成初始假设时，不需要四处搜寻新信息。也许有人已经对这个信息爆炸的时代习以为常，甚至不掌握一定量的信息就无法进行任何思考，但我们应尽量避免这种"习以为常"。

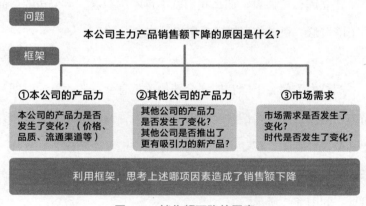

图 4–1　销售额下降的因素

这是因为，如果我们在建立起初始假设前就开始搜集信息，就不知道该为哪项信息分配多少时间；如果我们等到搜集完全部信息后再建立初始假设，就会花费大量时间。

咨询师在工作时，往往并不是从根据推导出回答，而是先想好回答，再去搜集必要的根据。在建立起初始假设后，只要集中力量搜集那些能够支撑初始假设的信息即可。

以"本公司的产品力"的框架为例，如果我们没能针对这一框架建立起初始假设，那么我们就不得不围绕着"本公司的产品力下降"这一粗糙的框架来搜集相关信息。

产品力为何会下降？搜集全部相关信息会花费大量的时间和精力。另外，如果我们没能建立初始假设，在思考时就会很容易出现重复或遗漏，不知道考虑到了什么、没考虑到什么。这样一来，我们就会不得不重复思考某些内容，或重做某些已经解决的事项，如图 4–2 所示。

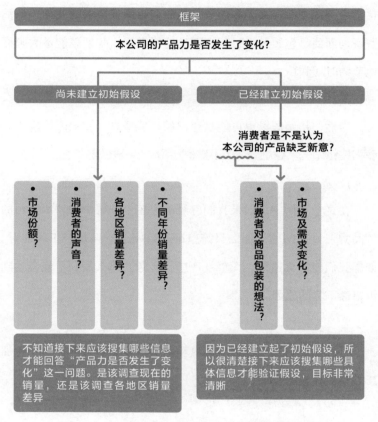

图 4–2　建立初始假设与尚未建立初始假设的区别

　　如果我们能建立起"消费者是否认为本公司的产品缺乏新意"这一初始假设，那么我们从一开始就有了明确的目的，知道自己应该调查些什么，有的放矢地研究市场或需求的变化，向消费者询问商品包装是否过于老旧。这样一来，我们就能最大限度地节约时间和精力。

当然，初始假设也可能是错误的。但建立了初始假设后，即使它是错误的，也能帮助我们想清楚接下来该做些什么。

在这个案例中，如果我们已经确定三个框架中的"本公司的产品力"没有问题，那么只需验证其余两个框架是否正确即可。如果我们能够无遗漏、无重复地进行思考，那么我们早晚会找到销售额下降的原因。

另外，我们之前得到的信息和想法也能催生出全新的、更加接近事实真相的假设。

[柯南探案]

照理说应该把他们三个人转到其他医院来
仔细审问的，不过……

——赤井秀一（第57卷第9话《乌鸦之歌》~第58卷第1话《跟
踪，然后……》）

　　水无怜奈本是黑衣组织的成员，不过她现在却在杯
户中央医院被 FBI 保护了起来。另一边，小兰的同级同
学本堂瑛佑正在寻找水无怜奈。柯南和 FBI 从本堂瑛佑
的反常举动断定，黑衣组织的成员已经乔装打扮进入医
院，寻找机会杀死水无怜奈——她知道太多有关黑衣组
织的秘密。

　　为了不让黑衣组织知道水无怜奈身在何方，柯南和
FBI 搜查官赤井秀一一起制订了抓捕已经潜入医院的黑
衣组织成员的计划。

　　一番调查过后，柯南和赤井秀一锁定了三个可能是黑衣组织成员的人选。

　　这三个人的症状各不相同，一人右腿骨折，一人颈椎挫伤，一人急性腰痛。柯南分别向他们三人询问情况，展开深入调查。

　　FBI 提出将三人监视起来。可柯南和赤井秀一却异口同声地说道："需要监视起来的……只有一个人……"

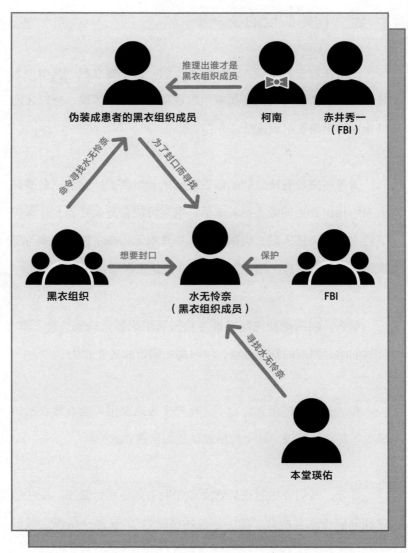

✡ 建立初始假设的第一步

柯南在对三名嫌疑人进行调查以前，已经建立起"其中一人是伪装成患者潜入医院的黑衣组织成员"的初始假设，所以才能够快速找出黑衣组织成员。

如果柯南没有建立初始假设就贸然开始调查，就从三名嫌疑人当中找出真正的黑衣组织成员，这有可能会造成处于 FBI 保护下的水无怜奈落入黑衣组织之手。毕竟水无怜奈掌握了太多与黑衣组织有关的信息，黑衣组织迫不及待地想抓到她并将她灭口。

那么，柯南是如何确定谁才是黑衣组织成员的呢？接下来，让我们结合柯南的推理过程，学习初始假设的建立方法。

在一开始，柯南就建立了"杯户中央医院里可能有黑衣组织成员"的初始假设。这个初始假设是如何建立的呢？

首先，我们要根据已知信息和知识来建立初始假设。这些信息和知识也就是所谓"初始假设的原材料"。在这一阶段，我们不需要考虑它能否成立的问题，而是留待之后再做研究。

　　柯南听到小兰提起，本堂瑛佑在杯户中央医院听到了《七个孩子》的旋律。他还知道，《七个孩子》正是黑衣组织 Boss 邮箱地址的旋律。他将这两个信息组合在一起，建立了"杯户中央医院里可能有黑衣组织成员"的初始假设（见图 4–3）。

　　在这个案例当中，《七个孩子》旋律的意义和有人在医院内听到了《七个孩子》的旋律都是柯南已知的信息，柯南却通过把它们组合在一起而建立了初始假设。由此可见，即使没有获知新信息也能建立初始假设。

　　接下来，柯南将自己初始假设的原材料告诉了 FBI 搜查官。将自己的假设说出来告诉别人或写在纸上可以使假设变得更加清晰，也可以帮助自己想清楚接下来该思考些什么。

如何建立初始假设？

推理　　　**杯户中央医院里有黑衣组织成员**

第一步

1

将自己的已知信息和知识作为初始假设的原材料

本堂瑛佑在杯户中央医院里听到有人敲出了《七个孩子》的旋律

如果在手机里输入黑衣组织Boss的邮箱地址，按键音会连成《七个孩子》的旋律

黑衣组织并不知道水无怜奈现在正身处杯户中央医院

黑衣组织想要将水无怜奈灭口

初始假设的原材料　　杯户中央医院里曾有人用邮件联系黑衣组织，且正在寻找水无怜奈。那人似乎知道水无怜奈被藏在医院里，但并不知道她就在杯户中央医院

第二步

2

把初始假设的原材料说出来告诉别人或写在纸上

第三步

3

想清楚接下来应该调查些什么，在此基础上形成初始假设

是否有人正在调查水无怜奈？

是否出现了跟黑衣组织有关联的人员？是否在医院内听到了黑衣组织代号？

是否有人在医院里找人？

图4-3　建立初始假设的步骤

为了验证这一假设，柯南前往医院调查走访。一位护士证实，确实有人在寻找水无怜奈。在这个案例当中，初始假设很快就被证实了。

✡ 提升知识储备

接下来，柯南又建立了一个初始假设来确定究竟谁才是黑衣组织成员。

这个假设就是："黑衣组织成员乔装成患者进入了医院。既然是装病，那么在突发状况下，那个人或许会做出真正的病人无法做出的动作。"

为了证明这一假设，柯南进入了三名嫌疑人的病房并分别做了一个动作，确定他们是不是在装病。在这一步中，柯南调查了三名嫌疑人各自的症状和伤势特征，并结合自己的知识建立起了初始假设。

具体过程如下。

第一名嫌疑人因急性腰痛入院。柯南故意摔倒并落下手机，请嫌疑人帮自己把手机捡起来。

接下来，柯南来回拉动窗帘，搅得房间里满是灰尘，让嫌疑人打起了喷嚏。嫌疑人在蹲下来帮柯南捡手机时一直直着腰，这是腰痛的证据。另外，嫌疑人在想要打喷嚏时也捏起鼻子用嘴呼吸，尽量避免打喷嚏，这也是为了避免腰部疼痛。由此，柯南判断这名嫌疑人的确患有急性腰痛的病症。

第二名嫌疑人因右腿骨折入院。柯南用同样的方法请他为自己捡起手机。

接下来，柯南告诉嫌疑人他的领口上沾着什么东西，由此观察到嫌疑人锁骨下方有一处突起。这名嫌疑人帮柯南捡手机时把重心放在了右腿上，柯南认为他装病的可能性很高。不过，紧接着柯南发现他锁骨下的突起是心脏起搏器，这样一来他便无法与黑衣组织取得联系。因此柯南判断，他虽然是在装病却并不是黑衣组织的成员。

第三名嫌疑人则是因颈椎挫伤入院。柯南再次用同样的方法请他为自己捡手机。

接下来，柯南又在房间里转来转去。在嫌疑人转过身来想要训斥他时，他又把房间里的几个喝空了的咖啡罐碰倒在了地上。

柯南知道，颈椎挫伤的人无法转头、无法看向左右两边，更无法仰头。然而，眼前这名嫌疑人却能轻松将头转过来看向柯南，还能将罐装咖啡喝得一滴不剩——需要仰起头来才能喝到。由此柯南判断，这个人就是伪装成患者的黑衣组织成员。

如果柯南没有掌握与嫌疑人症状和伤势特点相关的知识，那么 FBI 将不得不对全部三名嫌疑人进行暗中监视。这样一来，出动的人马就会增加，被黑衣组织察觉的可能性也会大幅提升。

而可能出现的最坏结果是，水无怜奈被黑衣组织找到并杀害，FBI 永远失去一条与黑衣组织有关的线索，这会给今后的调查工作造成巨大的负面影响。

由此可知，拥有渊博的知识可以在很大程度上让事情朝着有利的方向发展。

要想在商业场景中多出成果，提升逻辑思维能力固然重要，但增加知识储备同样重要。在逻辑思维能力的加持下，知识能够发挥出更大的作用。

如果能像柯南一样拥有十分强大的知识储备，那么我们就能从多个角度切入来建立初始假设，别人也更容易接受我们提出的假设。

✿ 初始假设要具体

在上述案例中，如果柯南建立的初始假设是"乔装成患者进入医院的人或许是在装病"，情况又当如何呢？

无论柯南的初始假设是"黑衣组织成员乔装成患者进入了医院。既然是装病，那么在突发状况下，那个人或许会做出真正的患者无法做出的动作"，还是"乔装成患者进入医院的人或许是在装病"，他都要调查是否有人乔装成患者进入了医院。如果他采取后者，那么在搜集信息时，他就会因初始假设缺乏具体性而不得不扩大调查范围，如患者病历、入院经过、现今病况等。

　　我并不是说后者是错误的，不过后者只是将事实原原本本地描述出来，听到这个假设的人难免会想问："所以呢？那又怎样呢？"

　　所以在建立初始假设时，**最好添加一些以事实为根据推导分析出来的内容或解释**。首先要把想到的东西形成语言或文字，进行可视化处理。接下来，就要考虑支撑初始假设需要哪些信息，并着手寻找这些信息作为假设的根据。

不要盲目开始调查，要在调查前根据已知信息和知识来建立初始假设。

建立初始假设时的注意事项

难度 ★★★★★

何时会遇到这些问题？

● 希望避免发生误解时

● 必须从根本上转变思路时

在建立初始假设时，有三条注意事项：不要变成空话；有根据作为支撑；有无"隐性前提"。接下来我将逐一进行解释说明。

✡ 不要变成空话

你是否听过"空话"这个词？所谓"空话"，就是指抽象或含义不清的语言。换言之，空话无法变成决策，让人不知道接下来该做些什么好。

不只是在建立初始假设，凡是在进行逻辑思考时，我们都要注意不要让自己的想法变成空话。比如在一场会议中，你针对某人的提案批评道："能不能再多说点！"但是，对方并不知道你希望他说什么内容、说多少。

当我们开始说空话时，往往会陷入思维停滞的状态。

再举个更具体的例子。比如，现在你面临这样一个问题：本公司的新产品是否能实现与竞品之间的差异化竞争？是否能争到更多的市场份额，超过去年的销量？

如果你建立的初始假设是"竞品也能采取差异化竞争策略，本公司产品有可能在不久的将来陷入滞销窘境"，那么这便是一句空话。

之所以说这是一句空话，是因为你既没有指出竞品的"差异化竞争策略"具体体现在哪一方面，也没有指出"不久的将来"

到底是什么时候。因此，如果从上述初始假设出发进行思考，我们就无法理清该搜集哪些信息才能构建起解决问题的框架，也就无法从初始假设推导出下一步的具体行动。

在这里，我将空话分为几类并依次介绍。

▶◀　【名词】协同效应、多样性、价值、范式

　　　日本人尤其要对日语中的外来语给予高度关注。我并不是要让日本人不再使用任何外来语，而是希望大家在日常使用时就要有意识地考虑，能否用日语表达出相同的意思。有些日本人在使用外来语时，其实并没有理解那个词的含义。

▶◀　【代词】这样的、那样的、那种、那件事

　　　如果在不言明所指之物的情况下贸然使用这些词语，就会沦为空话。使用这些词时要注意举出具体事例。

▶◀　【形容词、副词】尽量、非常、特别、尽快、还差点

　　　形容程度的词语也容易沦为空话，我们在说话时要尽量使用具体数值。

▶◀　【动词】努力、讨论、应对、牢记

　　　这些词语无法表现出"具体由谁、在何时、做什么"，

一定要将这些信息加以明确，让对方能够理解。

我们在日常对话中常会有意无意地说出空话。这些不够具体的话语，经常会阻碍工作的推进，有时甚至会引起种种麻烦。

空话很容易变得抽象，我们在说话时要有意识地使用具体的表达。

✡ 有根据作为支撑

第二个注意事项是，初始假设必须"有明确的根据作为支撑"。

假如本公司即将推出新产品，你建立了"新产品能够凭借价格优势获得 30% 的市场份额"的初始假设。不过，如果你不去调查竞品价格、思考本公司新产品是否真的具有价格优势，如果不在此基础上给出根据，那么你的初始假设就只是一种想当然而已。

建立起初始假设后，我们必须提出支撑初始假设的根据，这个逻辑才算正式建立（见图 4-4）。

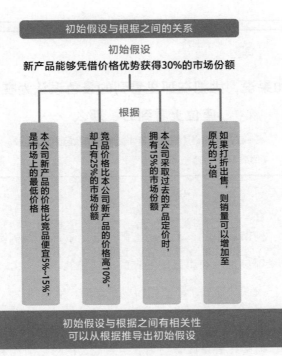

图 4-4　初始假设与根据之间的关系

这种思维方法就是"Why？ True？"（为什么会这样说？这是真的吗？）。

接下来，让我们看看柯南在破案时是如何使用"Why？ True？"思维方法的。

[柯南探案]

如果说，她把在那里看到的景色误认为在自己

座位上看到的，那么……

——江户川柯南（第 4 卷第 4 话《风声跃起的二人组》~ 第 6 话
《倒数 10 秒的恐怖》）

柯南和小兰、毛利小五郎一起坐上新干线列车，前往京都参加毛利小五郎朋友的结婚典礼。在车上，柯南一行人偶然遇到了黑衣组织成员琴酒和伏特加。

柯南在餐车偷听到黑衣组织成员的对话。他们似乎刚刚跟什么人做完交易，交给了对方一个黑色的行李箱。这个行李箱将在下午 3 点 10 分被引爆。

黑衣组织成员在名古屋站下了车。柯南放弃了对他们的追捕，决定留在车上找出那个拿着装有炸弹的黑色行李箱的人——这个人现在应该还在车上。

　　柯南并没有目击这个人和黑衣组织成员之间的交易现场，因此，柯南决定通过仅有的几条线索来锁定这个人的身份。

　　时间仅剩下 35 分钟，柯南究竟能否找到装有炸弹的行李箱呢？

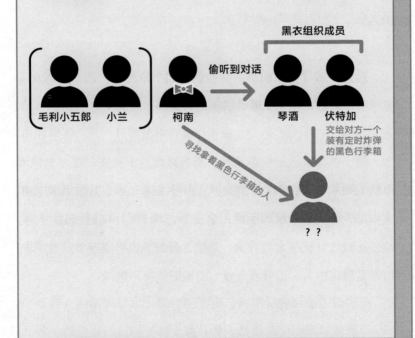

黑衣组织成员

毛利小五郎　小兰

柯南

偷听到对话

琴酒　伏特加

交给对方一个
装有定时炸弹
的黑色行李箱

寻找拿着黑色行李箱的人

？？

柯南在新干线列车上寻找着装有炸弹的黑色行李箱。他将黑衣组织成员的对话等线索和根据结合起来，建立起一个初始假设：拿着黑色行李箱的人可能在头等车厢二层的禁烟车厢里（见图 4–5）。

接下来，柯南为了验证初始假设的正确性，开始在那节车厢中寻找可能的目标人物——那个拿着装有炸弹的黑色行李箱的人。

经过一番寻找，柯南一共找到了四个嫌疑人，四个人都拿着黑色行李箱。柯南初始假设的正确性进一步提高了。

第一个嫌疑人是一名男性，看起来像是上班族，正在笔记本电脑上敲着什么；第二个嫌疑人是一名职业女性，她正在阅读英文报纸，旁边放着她的手机；第三个嫌疑人是一名健壮的中年男性，正戴着耳机听着些什么；第四个嫌疑人是一名男性，穿着打扮像是黑道中人，正戴着金丝太阳镜阅读赛马报纸。

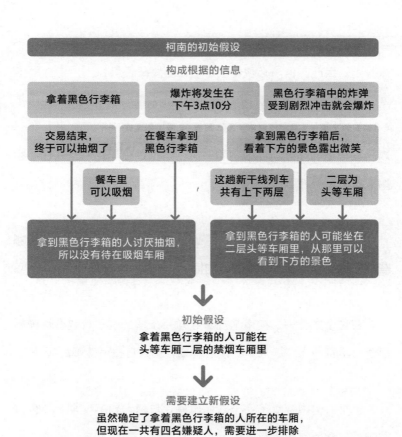

图 4–5 柯南的初始假设

但是，目前的嫌疑人多达四名，无法将怀疑范围缩小到一个人身上。因此，柯南必须建立一个新的假设。

在实际生活当中，我们有时也会遇到柯南遇到的问题：虽然以种种根据为基础建立了初始假设，但这些根据还不足以证明初始假设的正确性。

这时，我们可以再次利用"Why？ True？"方法，明确哪些信息可以成为证明初始假设的根据。

在这个案件中，柯南掌握着这样一条信息：拿着装有炸弹的黑色行李箱的人"一旦到了预定时刻，会亲自按下炸弹的开关"。

于是，柯南建立了一个新的假设：目标人物不仅拿着黑色行李箱，还拿着炸弹的开关。

柯南对四名嫌疑人的行李进行观察后发现，其中三人拿着形状类似开关的物品。通过"一旦到了预定时刻，目标人物会亲自按下炸弹的开关"这条信息，柯南得出结论：那名拿着手机的女性可能就是目标人物，她手中的手机便是炸弹开关。

✡ 有无隐性前提

其实，柯南在这次推理过程中犯了一个错误——没有确认自己建立的初始假设中是否存在隐性前提，这也是我们在建立初始假设时的第三个注意事项。

所谓隐性前提是指如果不明确告诉他人，他人便无法预知的原则。有时，我们会在收集信息、寻找根据、建立初始假设时，将答案隐藏在那些自认为理所当然、没有将其作为根据的信息当中。

在前文的案例当中，假设你在建立"新产品能够凭借价格优势获得 30% 的市场份额"的初始假设时，是以竞品价格和目前的市场份额作为根据。这些根据乍一看可以支撑你的初始假设，但你必须弄清楚"顾客是否重视价格优势""该产品的市场价格是否合理"等问题，才能证明初始假设的正确性。如果你发现"顾客并不重视价格优势"，那么初始假设就会发生变化（见图 4-6）。

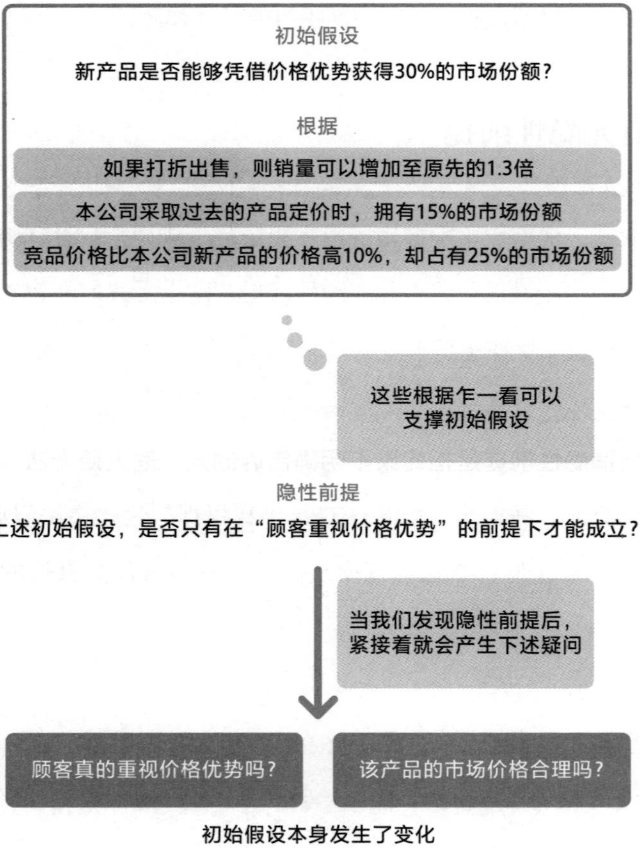

初始假设
新产品是否能够凭借价格优势获得30%的市场份额？

根据

如果打折出售，则销量可以增加至原先的1.3倍

本公司采取过去的产品定价时，拥有15%的市场份额

竞品价格比本公司新产品的价格高10%，却占有25%的市场份额

这些根据乍一看可以
支撑初始假设

隐性前提

上述初始假设，是否只有在"顾客重视价格优势"的前提下才能成立？

当我们发现隐性前提后，
紧接着就会产生下述疑问

顾客真的重视价格优势吗？

该产品的市场价格合理吗？

初始假设本身发生了变化

图 4-6　会发生变化的初始假设

当我们发现隐性前提后，建立的假设也会发生变化。如果

我们没能发现隐性前提的存在，就会走上验证这个错误假设的歧途。

　　我们经常会犯的一个错误就是，我们总是从自己下意识认为理所当然的信息或对自己有利的信息出发来思考问题。

　　柯南在排除几名嫌疑人的过程中，那名拿着真正装有炸弹的行李箱的女性对柯南搭话说："从窗户可以看到富士山。"但她的座位却是在靠海一侧。从这趟新干线列车的座位布局来看，从她座位旁边的窗户是看不到富士山的。

　　她是在餐车里与黑衣组织成员进行交易时，坐在了靠山一侧的座位上，从那个座位可以看到富士山，所以她在和柯南对话时，话语中便包含了一个隐性前提：从窗户可以看到富士山。

　　而柯南知道从新干线的车窗可以看到富士山这一事实，所以他并没有怀疑那名女士的话，所以把她从嫌疑人名单中移了出去。

　　柯南没能发现隐性前提的存在，所以他的推理走进了死胡同。不过，当邻座的小朋友央求父亲让自己看海时，父亲对小朋友说："咱们买的是靠山一侧的票，所以看不到海。"柯南看到这一幕，突然意识到"自己坐在靠山一侧的座位，所以能从车窗看到富士山"这一隐性前提的存在。

连柯南有时都会忽视隐性前提的存在。虽说听到小朋友和父亲的对话也是一场偶然，但柯南通过他人的话语发现了隐性前提，意识到"嫌疑人女士的座位在靠海一侧而不是靠山一侧，所以不可能看到富士山"这一矛盾信息的存在，进而得以锁定目标人物。

下面这三个方法可以帮助我们发现隐性前提的存在。

▶◀ 反复问自己：Why？ True？（为什么会这样说？这是真的吗？）

▶◀ 从相反的角度入手思考问题。想一想，如果初始假设暂时没有成立，那么具备什么样的条件后它才能够成立？

▶◀ 和别人进行讨论。这也许能帮助我们找到自己无法发现的角度。

名探偵コナン

　　另外，让我们再次复习一下本章的内容。在建立初始假设时，可以通过以下三条注意事项来让发言和方案变得更有条理：

▶◀　　不要变成空话；

▶◀　　有根据作为支撑；

▶◀　　有无隐性前提。

　　注意以上这三点，你的发言和结论就会变得合乎逻辑。

践行这三条注意事项，可以提高初始假设的正确性，同时让对方更容易接纳。

第 5 章

验证并完善初始假设

验证初始假设

难度 ★★★★☆

何时会用到这些方法?

● 不希望自己的思维受到限制,想要拓宽视野时

● 希望从既有观点出发拓展思路时

在上一章中,我介绍了建立初始假设的方法。不过,我们接下来必须验证初始假设的正确性,才能推导出结论。

在本章中,我将介绍下一个步骤——初始假设的验证过程与方法,以及建立更多假设的方法。这些方法可以帮助我们建立起前所未有的、富有独创性和新意的假设。

建立更多假设，可以帮助我们避免仅靠直觉或闪念来建立假设而忽视某些重要之事。

✿ 运用分解方法来建立更多假设

某个游乐园的游客数量连年下降，游乐园的管理者为此烦心不已。游乐园面临的问题是如何能增加游乐园的游客数量。

游乐园一经建设完成，其中的游乐设备就会开始老化，而游乐园的管理者一般会不断投资建设新的游乐设备来避免游客数量的减少。

但是，这个游乐园近三年间都没有建设新的游乐设备，于是，管理者建立起这样的初始假设：游客数量之所以会减少，可能是因为一直没有建设新的游乐设备。

不过，管理者也无法断言不断投资建设新的游乐设备就是避免游客数量减少的"灵丹妙药"。除了新建游乐设备，是否还存在其他应对之法呢？

在建立更多初始假设时，我们可以考虑以下几点：

> 有没有这样一种可能：并不是每种类型的游客都在减少，
> 而是个人游、情侣游、团体游、家庭游之中的某一类游客
> 数量显著减少了？

> 上午、下午、夜晚等不同时间段的游客数量之间是否存在
> 差异？

每条假设对应的解决方法各不相同。如果对上述假设进行分
类，我们可以将游客按以下三个标准进行划分（见图 5–1）：

> 入园目的：分析游客的入园目的；

> 游客类型：分析游客的类型；

> 时间段：分析不同时间段游客数量的变化情况。

从这个案例可以看出，分解方法可以帮助我们获得多种视
角，进而建立起更多假设。

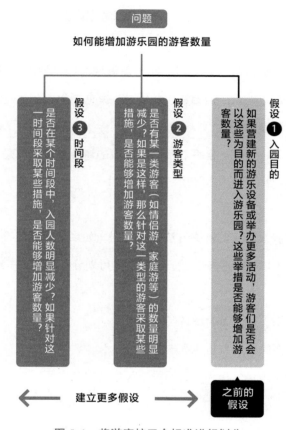

图 5-1　将游客按三个标准进行划分

[柯南探案]

真相永远只有一个！所以……

——工藤新一（第 10 卷第 2 话《西方的名侦探》~ 第 5 话《东方的名侦探现身！？》）

某日，一个自称"西方的名侦探"的男子来到了毛利侦探事务所，他说自己是来找工藤新一（柯南）的。男子名叫服部平次，与工藤新一一样都是高中生侦探。

正在这时，辻村公江也来到毛利侦探事务所，请毛利小五郎帮助她调查儿子女友的底细。一旁的服部平次却提出要和毛利小五郎一起前去调查，于是，服部平次和毛利小五郎、小兰、柯南一行人一起来到了辻村府邸。

辻村公江把他们带到了辻村家的家主辻村勋的房间

门口。房门上着锁，辻村公江用钥匙打开了门。辻村勋正睡着觉。为了把他叫醒，辻村公江走过去碰了碰他，他却从座位上倒了下来——已经不在人世了。

这间房间的钥匙只有辻村公江和辻村勋两人手中才有。而此时此刻，辻村勋的钥匙还好好地躺在他裤子的夹层口袋当中。

"所以，这是一起密室杀人案件。"

柯南和服部平次判定，辻村勋是被人毒杀的。于是，他们开始着手解开密室中的诡计之谜。

名探偵コナン

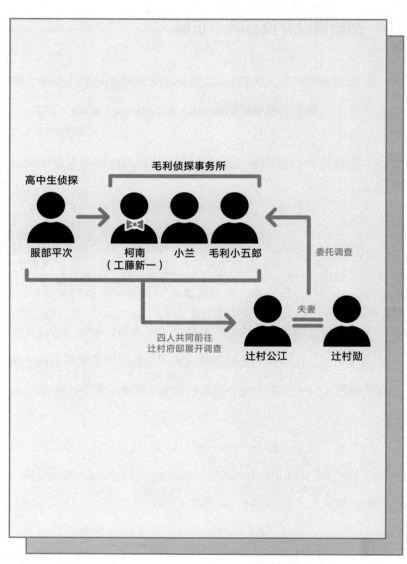

✿ 初始假设并没有唯一正解

为了击败柯南，服部平次力图以自己的初始假设为基础，解开密室杀人案件中用到的诡计。

服部的初始假设是：凶手在杀人过后，将房间布置成密室状态。

钥匙扣上还残留着胶带的痕迹，而胶带上还留有一根线曾经穿过的痕迹。另外，服部平次还在和室中找到了用剩的鱼线。

这些信息都指向了这样一种诡计：凶手用针和鱼线穿过死者的裤子口袋，从房间外将钥匙放进裤子口袋当中。服部平次还做了个试验来证明这个手法，钥匙顺利地被放进了裤子口袋当中。

然而，变回工藤新一的柯南却指出，这个手法是错误的。因为，钥匙虽然进入了死者的裤子口袋当中，却没能进入夹层口袋当中——而众人发现死者时，钥匙就在死者裤子的夹层口袋之中。

　　另外，众人发现死者时，钥匙和钥匙扣在死者的裤子口袋中呈现出重叠在一起的状态，但在服部平次的试验中却不是如此。

　　服部平次从一开始就判定这是一起密室杀人案件，所以落入了凶手设下的圈套，不断验证了错误的初始假设。

　　他认为自己的初始假设一定是正确的，只想着找出凶手的犯罪方法，想着"凶手是如何造出密室的"，以搜集证据来证明自己假设的正确性。

　　而另一边，柯南在搜证的过程中，认为这起案件既有可能是一起密室杀人案件，也有可能根本不是。他发现，死者的房间中正播放着歌剧，死者喜欢的是古典音乐，桌子上还散落着好几本书。

　　根据这些信息柯南证实，凶手之所以会这样做，是因为不希望自己在行凶时，死者的哀号被人听到或死者的表情被人看到。

　　柯南之所以会想到这些，是因为他建立了这样的假设：凶手不希望服部平次等侦探进入死者的房间时，听到死者的哀号或看到死者因痛苦而扭曲的表情。

柯南不仅思考着密室杀人案件的手法，而且还思考着"为什么现场会出现不可思议的状况"，并从这一观点出发对案件进行分解，检验自己的初始假设。

最后柯南得出结论：让毛利小五郎和服部平次误认为这是一起密室杀人案件，并在众目睽睽之下杀死辻村勋的人，正是辻村公江。

从中我们可以看出，初始假设并没有唯一正解。如果我们从一开始就过于迷信某种假设，就会执着于证明这种假设，也会失去很多解决问题的线索。

另外，我们可能没有足够的时间来证明自己的假设。对柯南等人来说，时间拖得越久，凶手就越有可能逍遥法外，有利于案件侦破的证据也会越来越少。

商场亦是如此，没有什么东西会永远在原地等我们。几乎所有的工作都会有一个明确的期限，比如一周后必须做完。

如果我们花费太多时间来证明一个假设，就会挤占验证其他假设的时间，也就越不可能得出高精度的解决方法。

不只是服部平次，我们所有人都非常容易犯过度执着于初始假设的错误，这会妨碍我们建立更多假设。

因此，我们必须时刻提醒自己：在发现与初始假设相冲突的信息时，灵活地接受这些信息，重新审视自己的初始假设；在建立初始假设以后，也要时常问自己"是否还存在其他可能的假设"。

✿ 如何确定验证假设的先后顺序

即使我们已经明白了建立更多初始假设的方法和重要性，也很难同时验证多个初始假设。

要想高效验证刚刚想出来的多个假设，就必须确定这些假设之间的先后顺序。我们必须在考虑现实情况的基础上，根据以下五条标准来确定先后顺序：

- 是否能构成对问题和框架的回答？
- 该假设是否可信？
- 验证该假设需要花费多少时间和精力？
- 对解决问题是否有帮助？
- 是否能落实到具体行动当中？

以游乐园的假设为例。其中游客类型和入园时间两项只需稍加统计就能进行验证，因此优先度较低。如果游乐园的经营状况已经岌岌可危，不立即采取行动便会面临破产，那么上述标准中的第三条和第五条的优先度就会提高。

而第四条标准虽然效果越大越好，但如果游乐园的状况已经岌岌可危，那么立刻看到成果就显得更加重要（即使这个成果可能非常微小），因此，这条标准的优先度会下降。

　　不过，如果游乐园的经营状况尚且比较稳定，可以为调查付出一定时间和金钱，那么第三条标准的优先度就会相应下降。

　　如此一来，在建立多个初始假设后，如果我们能结合现实情况来确定验证假设的先后顺序，就能避免做无用功，从而更好更快地完成工作。

初始假设不过是多个选择中的一个。必须时刻提醒自己，不要盲目相信初始假设，而是要建立起更多假设。

完善初始假设

难度 ★★★★★

> **何时会用到这些方法？**
> - 希望自己的提案或发言难以被别人反驳时
> - 希望自己想出的行动方案变得更有前景时

当我们建立了更多假设后，就进入到更深层次的"T字思维"阶段。所谓"T字思维"是指结合支撑假设的根据来深化假设，验证假设的正确性（见图5-2）。

让我们接着之前的内容，以"如何能增加游乐园的游客数量"为例，看看怎样做才能让假设变得更加深入。

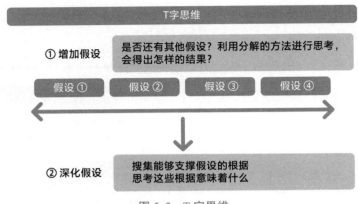

图 5-2　T 字思维

在深化假设时，要注意从搜集到的信息和数据出发对假设进行验证，将新发现的问题也纳入考虑范围之中，使假设变得更加细致入微。

如果我们观察不同类型游客的数量变化，就会发现尽管各种类型的游客数量都有所减少，但家庭游游客数量的减少趋势尤为明显，其他类型游客的减少数量甚至不及家庭游游客减少数量的 1/2。

但如果我们的验证工作就此结束，那么我们虽然可以得出家庭游的游客数量减少的结论，却也会遭到"这是因为附近建起了新的游乐园""这是因为附近的家庭户减少"等质疑。

这时，如果我们能进一步调查竞争对手（与本游乐园同等规模的游乐园）家庭游游客的比例、附近人口中家庭户的比例、游乐园内家庭游游客的行为动向等信息，便会发现其实竞争对手处家庭游游客的比例正在不断攀升，而且游乐园附近家庭户的数量也在逐步增加。

搜集到这些信息后，我们便能得出以下结论：

本游乐园的游客数量正在不断减少，特别是家庭游游客数量的减少幅度达到了其他类型游客的两倍以上。虽然本商圈内家庭户的数量正在逐步增加，但本游乐园内可以让家长和孩子共同乘坐的游乐设备、共同参加的活动较少，这可能引起了带孩子的游客的不满。而从竞争对手处的家庭游游客数量不断增加的情况可以看出，本游乐园流失的游客可能正是流向了那里。如果能新建一些适合家庭游游客的游乐设备，便能够遏制住游客数量减少的趋势。

像这样针对多个假设中的一个来搜集信息、寻找根据、进行验证，进而思考其中有何意义、能得出何种结论的做法，便是"深化假设"的过程（见图 5–3）。

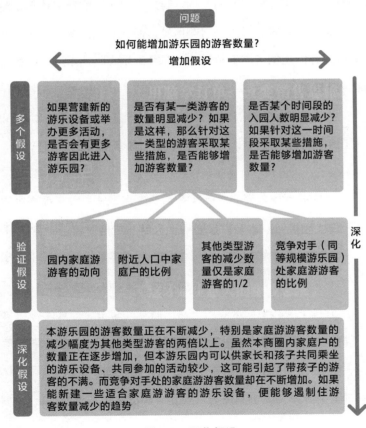

图 5–3　深化假设

[柯南探案]

　　这是因为，她……根本就没杀他……
——安室透（第 90 卷第 6 话《背叛的制裁》~ 第 9 话《背叛的
真相》）

　　柯南和小兰、冲矢昴（FBI 搜查官赤井秀一易容后
的身份）一起来看音乐家波土禄道的演出彩排。然而，
他们却在彩排现场偶遇了黑衣组织成员贝尔摩德以及化
名为波本的安室透。

　　冲矢昴害怕别人认出自己就是赤井秀一，决定离开
彩排现场。可就在这时，警卫员的哀鸣声响彻大厅。柯
南等人冲进彩排现场，映入眼帘的却是舞台上波土禄道
的尸体——他的脖子被吊起，手中还抱着一把吉他。

　　在波土禄道的正上方有一道铁杆，铁杆与他头顶的

距离很远。从铁杆垂下来一条绳索，吊住了他的脖子。由此看来，这桩杀人案件必须由多人共同完成。警方的怀疑对象有三个，分别是记者、唱片公司老板和波土禄道的经纪人圆城佳苗。但他们不在场证明的时间段并不重合，由此判断，三人不可能共同实施犯罪。然而，仅靠一人之力将波土禄道吊起近三米高也是不可能完成的任务。

究竟波土禄道是被何人、用何种方法杀死的呢？

名探偵コナン

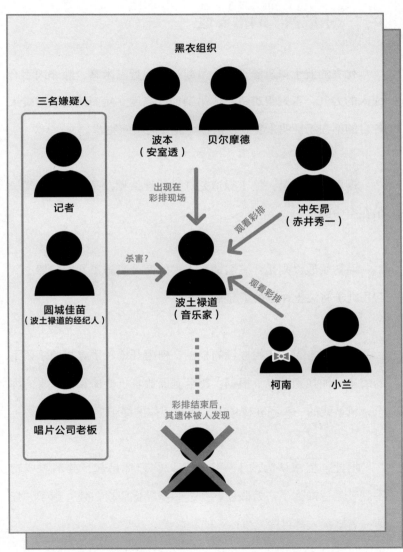

✡ "一手数据"的重要性

死去的波土禄道脖子被人吊起，离地近三米高，除非凶手有惊人的力气，否则很难将尸体吊到如此高度。然而从三名嫌疑人各自的不在场证明来看，他们不可能共同实施犯罪。

这里的问题是：波土禄道究竟是被谁杀死，又是如何被绳子吊在空中的？

而初始假设则是：三名嫌疑人中的两人实施了共同犯罪，一起用绳子将波土禄道吊了起来。

为了搜集支撑初始假设的根据，柯南开始着手寻找凶手留下的痕迹。他找到了以下根据：舞台侧面放着折叠椅和捆起来的绳子，风筝线的一头系在棒球上，吊起尸体的绳子上有缺口。

据此，柯南认为凶手一人也可以将尸体吊起，并不需要帮手。于是他推翻了初始假设，并进一步深化假设，建立起了"任何一名嫌疑人都可能是真凶"的新假设。

根据警方的走访调查，柯南还了解到经纪人圆城佳苗曾在运输行业兼职，尤其擅长给绳子打结。于是，柯南进一步完善了自己的假设，认为可能是经纪人圆城佳苗将波土禄道吊了起来。

接下来，由于案发现场放着一颗棒球，柯南便向三名嫌疑人直接询问他们是否打过棒球。

像柯南这样通过直接问询而非依赖统计数据或统计信息的做法，也被称为"获得一手数据"。通过问卷调查或采访得到的数据也属于一手数据。

当我们希望进一步完善自己的假设时，可以利用这种方法来获得新的根据。

然而，三名嫌疑人都没有过打棒球的经历，反而是被杀的波土禄道曾在学校棒球社担任外野手，肩部力量十分出众。根据这些一手数据，柯南推翻了"可能是经纪人圆城佳苗将波土禄道吊了起来"的假设。

如前文所述，我们在验证假设的过程中，也可能会遇到假设被推翻的问题。这时，我们一定不能执着于已被推翻的假设，而是要重新建立新假设，并进一步完善这个全新的假设。

✡ 利用大胆的解释建立起强有力的假设

柯南建立起一个新的假设：虽然圆城佳苗无法将绳子抛上尸体头顶的铁杆，但死者波土禄道本人是一名肩部力量强大的外野手，他或许可以做到这一点。

这一假设建立在一个极为大胆的解释的基础之上，那便是：其实波土禄道是自杀，圆城佳苗发现了他的尸体，但不希望别人认为他是自杀，于是用绳子将他吊了起来。换言之，柯南进一步完善了自己的假设，认为这根本就不是一起杀人案件。

当杀人案件发生后，人们一般都会通过证据和事实来推断究竟是谁痛下杀手。在这个案件当中，波土禄道被高高吊起，因此我们也会倾向于思考究竟是谁将他杀害。

然而，如果只以证据或事实为基础做出中规中矩的解释，就只能建立起中规中矩的假设。当其放在商业场景中，就是只能想出司空见惯、普普通通的点子。

而如果能使用"Why？ True？"的思维方法，对证据或事实做出大胆的解释，就有可能建立起强有力的假设。

利用大胆的解释建立强有力的假设，再寻找能够支撑这一假设的证据，就能够帮助我们找出具体的行动方案。

由此，柯南进一步发现，波土禄道的隐形眼镜，其中一只在圆城佳苗的背上，另一只则粘在折叠椅下面。

柯南如果没能建立起"波土禄道有可能是自杀"这一大胆的假设，就不会去寻找新的物证，而是直接断定圆城佳苗就是凶手。这也会导致他的推理出现错误。

进一步调查的结果显示，案件的始末与柯南完善后的假设完全一致。波土禄道自己将绳子抛上铁杆并上吊自杀，圆城佳苗发现了他的尸体，之后将他高高吊起，将现场伪装成杀人现场。

现在，让我们回到游乐园的案例当中。没有数据能够证明，家庭游游客究竟是否对本游乐园有所不满。不过，我们可以对进入游乐园的家庭游游客进行调查询问，获得一手数据来验证这一假设。

如果我们没能利用大胆的解释建立强有力的假设，就可能不会对家庭游游客进行调查询问，而是直接对竞争对手展开调查或者研究本游乐园的交通便利程度，进而得出错误的分析结果，提出错误的解决方案。

在初始假设被推翻、进一步完善假设之时，我们要敢于提出大胆的解释，让自己的假设更有利于解决问题。如此一来，我们便可以想出前所未有的点子，进而想到合理的解决方案。

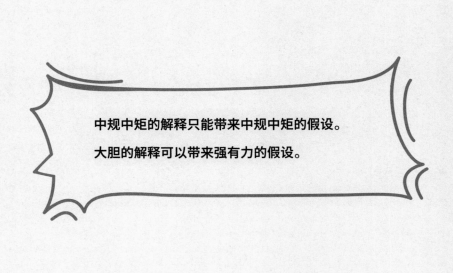

中规中矩的解释只能带来中规中矩的假设。

大胆的解释可以带来强有力的假设。

第 6 章

得出结论

分两步得出结论

难度 ★ ★ ★ ☆ ☆

何时会用到这些方法？

● 无法准确表达出自己想表达的内容时

● 对方无法接受自己的主张或结论时

在本章中，我将介绍逻辑思维的最后一步——得出结论的方法。

通过前几章的学习，我们已经掌握了逻辑思维中确定问题、思考框架、反复验证假设等流程。

如果我们能认真做好每一步，那么答案自然而然就会浮现出来，我们也能够得出正确的结论。

我们需要分以下两步来得出结论（见图 6–1）：

▶◀ 针对每个框架得出结论；

▶◀ 对上述结论进行整合，推导出针对问题的最终答案。

一般而言，利用这两步我们已经能够得出结论。但有些情况
下，仅靠这两步我们还无法得出正确的结论。

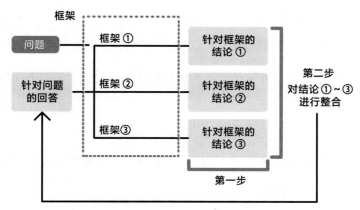

图 6–1 得出结论的步骤

这时，我们需要再次检验之前收集的信息或建立的假设中是否存在错误。万一有错，我们需要及时做出修正，并按照本书介绍过的方法重新得出正确的结论。

✿ 质疑自己的固有认知和已经掌握的信息

假如公司专门成立了一个项目组来提升主力产品的销售额，并选拔你来担任项目负责人。

你所在的这家公司过去的业绩十分辉煌，只要生产出拥有独一无二新功能的产品就能得到顾客的认可，销量节节攀升。

你根据公司过去的成功经验，认为只要生产出有新功能的产品就一定会大卖，于是开始和项目成员讨论哪些功能能让产品变得更好。

然而实际上，顾客已经对现有产品的性能十分满意。顾客真正需要的是性能与之前相似而价格更加便宜的产品。

如此一来，你的团队本应讨论的问题并不是应该增加哪些新功能，而是"如何把产品价格降得更低"。

从这个案例中我们可以看出，如果不去质疑"顾客想要的东西究竟是什么"，而是盲目相信过去的做法和信息，就无法针对"怎样做才能提高产品的销售额"这一问题得出正确的结论。

相信你也有过这样的经历：盲目相信既有的方法或过去的信息，结果导致工作无法顺利推进。另外，当对方无法接受自己的主张或结论时，我们也必须对自己已经掌握的信息提出质疑。

那么接下来，让我们从本书中最后一处柯南的断案现场，学习得出结论的方法吧。

[柯南探案]

绝对没错！！凶手就是那个人！！！

——江户川柯南（第 7 卷第 2 话《月影岛的邀请函》～第 7 话
《名字的秘密》）

　　黄金周前一周，毛利侦探事务所收到了一封信件。
寄信人名叫麻生圭二，信中则是一句谜一样的留言：下
一个满月之夜，月影岛上的影子会再度开始消失。几天
后，对方又打电话到毛利侦探事务所来，催促道："我
已经把费用打过去了，请一定要来月影岛进行调查。"

　　毛利小五郎、小兰和柯南虽然认为委托内容十分可
疑，却还是登上了月影岛。

　　首先，他们往村政府走去，想要查明这个名叫麻生
圭二的男人的底细，却震惊地得知麻生圭二早已不在
人世。

　　麻生圭二出生在月影岛，是一位著名的钢琴家。可是 12 年前，他在家里杀死家人后放了一把火，他本人也在大火之中，弹奏着贝多芬的《月光奏鸣曲》走向了生命的尽头。

　　在柯南等人逗留在岛上的几天时间里，接连发生了数起无法解开的杀人案件。为了解开这些谜团，柯南等人和热心引路的医生浅井成实一起在岛上四处奔走。

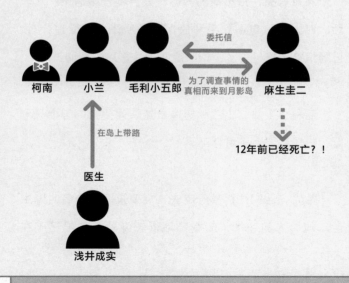

✿ 任何时候都不要偏离问题、忘记框架

柯南等人来到月影岛后，便遇到了一件无法破解的案件：岛上有三名男子相继被害。

在三处案发现场，都有一台收音机播放着贝多芬的《月光奏鸣曲》——就像是麻生圭二的钢琴诅咒一样。

柯南推测，凶手一定是出于某种目的，才会犯下这几起与 12 年前那场意外有关的杀人案件。他决定解开月影岛上的谜团。

这次案件中的问题是：谁是凶手。

为了回答这个问题，柯南建立了以下三个框架：

▶◀　框架①：凶手是如何杀人的？（解开凶手的杀人方法和诡计）

▶◀　框架②：谁能够实施杀人？（识破凶手对不在场证明动的手脚）

▶◀　框架③：凶手为什么要杀人？（找出凶手的动机）

让我们暂停下来复习一下框架的定义，"框架"是指为了针对问题得出结论而必须考虑的要点。

这次案件中的问题是"谁是凶手"。为了回答这一问题，确定"凶手就是○○"，柯南"必须考虑的要点"便是框架①～③。

在建立框架时，我们必须考虑的是：从何种观点出发、如何进行思考，才能针对问题得出答案。

✿ 针对框架给出种种回答

柯南针对刚刚建立的框架①～③给出了以下回答。

框架①：凶手是如何杀人的？

在第一起杀人案件中，凶手在大海里淹死死者，又把死者的尸体拖到公民馆内。

在第二起杀人案件中，凶手在放映室内将死者从背后刺死。

在第三起杀人案件中，凶手在公民馆的仓库内绞死了死者，又将现场伪装成自杀。

框架②：谁能够实施杀人？

三起杀人案件的诡计和过程十分相似，凶手极有可能是同一个人。

凶手很有可能使用诡计混淆了死者的死亡时间。

只有能够接近尸体的人，才能使用这一诡计。而除了警察以外，只有验尸的医生才能接近尸体。另外，每种杀人方法都需要凶手拥有足够的力气，女性的力量不可能完成杀人。

框架③：凶手为什么要杀人？

凶手很可能与麻生圭二之间有某种联系，而且对 12 年前的事心怀恨意。

从这三个框架的答案可以看出，几起杀人案件的凶手很可能是同一个人，而且凶手的力气很大（也有可能是力气很大的女性犯案或多名女性共同犯案，但从现场的情况来看，男性凶手单独犯案的可能性更高）。凶手可能是一名医生，而且与麻生圭二之间存在某种关联。如此一来，凶手就逐渐浮出了水面。

按理说，回答完每一个框架后，"谁是凶手"这一问题也自然应该迎刃而解。然而在这个案件当中，没有任何一个人符合上述条件。

于是，柯南冷静下来重新审视当前的状况，开始考虑自己掌握的信息是否有误，或者是自己是否盲目相信了什么东西。

终于，柯南找到了凶手布下的又一个机关。

在登场人物当中有一位名叫浅井成实的女医生，她领着柯南等人参观了月影岛。但她其实并不是女性，而是麻生圭二之子麻生成实。他在父亲麻生圭二死后，被一户姓浅井的人家收养，于是改姓浅井。

而且，日本医师资格证的姓名栏里只需填写文字，不用填写假名读音。于是，麻生成实将自己名字中"成实"二字的读音从男性化的"seiji"改成女性化的"narumi"，在月影岛上一直以女性的身份生活。

作为一名医生，他能够参加验尸，也能在死者的死亡时间上做手脚。另外，他特意选择了需要很大力气才能做到的杀人方法，希望借此洗脱自己的嫌疑——毕竟在旁人眼中，他是一名力气较小的女性。

柯南虽然利用逻辑思维进行了推理，却没能得出正确的结论。不过，柯南并没有就此放弃，他重新审视自己的逻辑中是否存在盲信或错误，终于得出了正确的结论。

也许自己是错的……很多时候，我们即使察觉到这一点，也不愿意推翻自己花了大量时间和精力建立起来的思路——这需要莫大的勇气。

不过，为了构建起能让更多人接受的强有力的推理，我们必须反复推翻过去的思路并重新建立新思路。

谦虚地审视自己的想法，可以让你的逻辑思维能力产生质的飞跃。

无法得出正确结论之时，正是磨炼能力的机会。

我们可以通过不断推翻思路、创造思路来磨炼

自己的逻辑思维能力。

结　语

感谢你读到最后。

柯南总是会遇到复杂甚至诡异的谜题。不过，他总能以逻辑思维为武器，将这些谜题一一破解。虽然过程并不容易，但就像柯南经常说的那句台词一样："真相永远只有一个。"

不过，对活跃在商场上的我们而言，我们经常遇到的那些障碍和难题，却未必只有一个答案。

面对"如何才能提高销量"这个问题，提高营销能力、加大宣传力度、砍掉某些服务或商品，这些都是正确答案——真相不总是只有一个。

因此，无论走到哪里都会被卷入案件之中的柯南固然不易，但活跃在商场上的我们或许更加不易，毕竟我们思考的问题不只有一个答案。

我在格洛比斯经营大学院取得了 MBA 学位。这所学院的价值观之一便是相信可能。

只有不断发掘自己的能力，才能拓展出更多的可能。如果你能通过阅读本书，接触并应用逻辑思维能力，让自己的工作产生某些变化，进而开拓更多可能，走好自己的人生之路，那将是我无上的幸事。

我在前言中也曾提到过，我之所以提笔写作本书，是因为曾在格洛比斯经营大学院开展过一项关于"人们是否能够利用漫画学会商业活动中所有必备技能"的研究。

在我为这项研究而奔走努力的三年时间当中，蘭头先生带领团队从不同角度对同一问题进行了研究，宫崎助教以及第 14 期学员们都为研究做出了很多贡献，此外，还有不少同仁与我在课堂上展开了讨论。在他们的帮助下，本书才得以成功面世。在此，向他们致以由衷的谢意。

另外，格洛比斯经营大学院院长田久保善彦为本书提供了思路，还帮助我校订了书籍内容并撰写了推荐语。他经常勉励我："只要有精神，什么事都能做到。"在此，我再次向他致以最诚挚的谢意。

我还要感谢研究项目组的成员笠野绫野、中川庆孝和黑崎紫，他们无数次与我开会讨论，并参照在 MBA 课程中学到的内容共同完成了本书的写作工作。

最后，我还要感谢出版社的渡部绘理小姐。她并不是逻辑领域的专业人士，却怀着写书的热情与强大的毅力，帮助我将思路落实到纸面，数次审校我的书稿，为我提供了很多耐心的鼓励与中肯的意见。

最后的最后，我希望能有更多读者借由《名侦探柯南》这部漫画了解到逻辑思维的趣味，体会到开发自身能力时的喜悦，并用自己的能力开拓出属于自己的"人生百年时代"。

北京阅想时代文化发展有限责任公司为中国人民大学出版社有限公司下属的商业新知事业部，致力于经管类优秀出版物（外版书为主）的策划及出版，主要涉及经济管理、金融、投资理财、心理学、成功励志、生活等出版领域，下设"阅想·商业""阅想·财富""阅想·新知""阅想·心理""阅想·生活"以及"阅想·人文"等多条产品线，致力于为国内商业人士提供涵盖先进、前沿的管理理念和思想的专业类图书和趋势类图书，同时也为满足商业人士的内心诉求，打造一系列提倡心理和生活健康的心理学图书和生活管理类图书。

《成长不设限：写给青少年的成长型思维训练》

- 20 个帮孩子突破固定型思维的高效训练，培养让孩子受益一生的成长型思维，获得在逆境中终身成长的能力！
- 心理学者叶壮、苏静联袂翻译。
- 中国科学院心理研究所医学心理学博士、儿童发展心理学博士后罗静推荐。

《逻辑思维经典入门》

- 一本适合反复阅读的逻辑思维经典入门读物。
- 美国"新思想运动之父"、心理学思潮先驱写给大众的认知高阶思维——逻辑常识普及书。
- 逻辑思维是所有学科之母，逻辑思维能力决定了我们与领导、同事、家人、推销者及陌生人的沟通与相处方式，决定了我们对权威论断和新鲜观点的态度，从而深度影响我们的日常决策和行动。

《商业模式创新设计大全：90% 的成功企业都在用的 60 种商业模式（第 2 版）》

- 畅销书《商业模式创新设计大全》修订扩充升级版。
- 企业管理者、创业者、MBA 课程学习者优秀的案头工具书。
- 一本书讲透全球 60 种颠覆性商业模式和盈利构建机制，帮你找到适合你企业的商业模式。

《用脑拿订单：改变销售思维的 28 个微习惯》

- 培训上万名销售人员、有"销售猎人"之称的全美销售大师倾心之作。
- 一本助你打开销售全新认知、提升销售思维，成为 1% 的顶尖销售专家的制胜法宝书。

《这才是生意人的赚钱思维》

- 从顾客的"待办任务"理论入手，设计出了"九问九宫格"的思维框架。
- 从中小企业到上市企业，让日本企业经营者赚得盆满钵满的九宫格商业模式，助你打破经营思维惯性，将顾客体验与盈利时机巧妙地结合，找到提高企业经营利润的思路。